画法几何及土木工程制图习题集

主编　余翠英　陈海雷

西南交通大学出版社
·成　都·

内容提要

本习题集的内容编排与谢春娟等主编的配套教材《画法几何及土木工程制图》基本一致，主要内容包括：绪论，投影基本知识，点、直线、平面的投影，投影变换，立体的投影，工程曲面，轴测投影，标高投影，制图基本知识与技能，组合体的投影，工程形体的表达方法，建筑施工图，结构施工图，设备施工图，路桥工程图。

本书可作为高等院校土木工程、建筑工程、工程管理、环境工程、给排水工程、采暖通风工程、建筑电气、铁道工程、桥梁工程等专业的工程制图课程教材，亦可供高等职业技术学院、成人教育学院、高等教育自学考试等相关专业选用。

图书在版编目（CIP）数据

画法几何及土木工程制图习题集 / 余翠英，陈海雷主编. —成都：西南交通大学出版社，2023.7
ISBN 978-7-5643-9417-2

Ⅰ. ①画… Ⅱ. ①余… ②陈… Ⅲ. ①画法几何－高等学校－习题集②土木工程－建筑制图－高等学校－习题集 Ⅳ. ①TU204-44

中国国家版本馆 CIP 数据核字（2023）第 142216 号

责任编辑 黄淑文
封面设计 原谋书装

画法几何及土木工程制图习题集

主编 余翠英 陈海雷

出版发行	西南交通大学出版社 （四川省成都市二环路北一段 111 号 西南交通大学创新大厦 21 楼）
发行部电话	028-87600564 028-87600533
邮政编码	610031
网址	http://www.xnjdcbs.com
印刷	成都市新都华兴印务有限公司
成品尺寸	370 mm × 260 mm
印张	9.5
字数	238 千
版次	2023 年 7 月第 1 版
印次	2023 年 7 月第 1 次
书号	ISBN 978-7-5643-9417-2
定价	32.00 元

前言

本习题集是编者在深入学习领会二十大精神的基础上，依据工程图学教学指导委员会制定的高等学校“画法几何及土木工程制图课程教学基本要求”以及21世纪对工程技术人才基本素质的要求，结合教学实践编写而成的，与谢春娟等主编的《画法几何及土木工程制图》教材配套使用。本书可作为高等院校土木工程、建筑工程、工程管理、环境工程、给排水工程、采暖通风工程、建筑电气、铁道工程、桥梁工程等专业的工程制图课程教材，亦可供高等职业技术学院、成人教育学院、高等教育自学考试等相关专业选用。

本习题集采用了最新的技术制图标准、房屋建筑制图统一标准、道路工程制图标准等国家标准。各章习题按基础题、综合题和提高题进行编排，由浅入深、由易到难，以训练和开发学生的空间想象能力和形象思维能力，以及阅读和绘制土建工程图样的基本知识和基本技能，为后续课程的学习和培养工程素质奠定扎实的基础。

本习题集由华东交通大学余翠英、陈海雷主编。参与编写工作的还有谢平、涂晓斌、陈海雷、周慧芳、谢瑞春、刘志红、康芳茂、谢春娟、王树森、罗文俊、项庭庭、陈文芳、吴神花、温清清。

本习题集在编写过程中得到了许多教师的帮助和支持，在此表示衷心感谢。由于编者水平有限，选编的习题和作业难免有疏漏和不足之处，恳请广大读者给予批评指正。

编　者

2023年6月

目 录

1. 根据立体图找投影图。

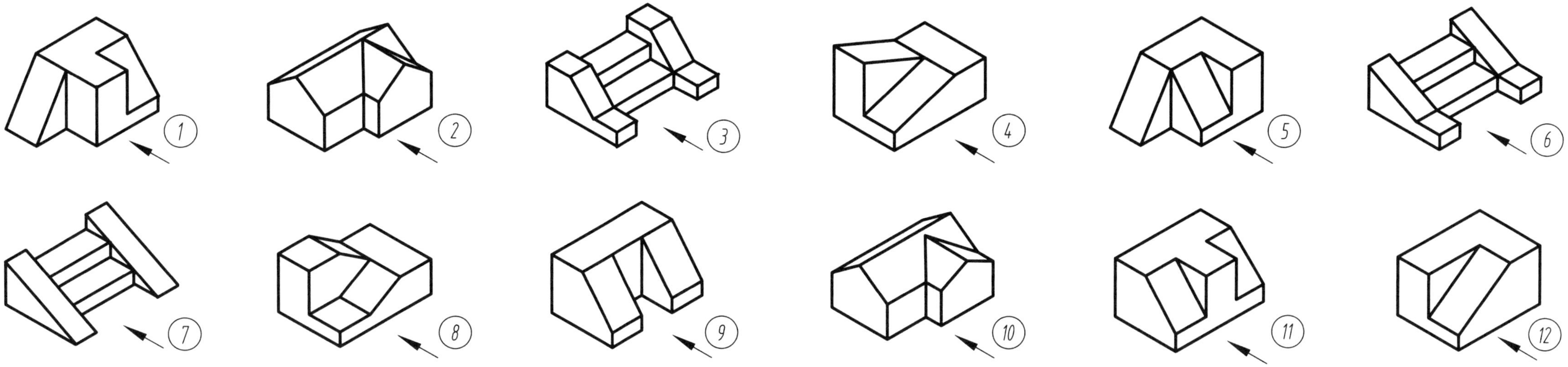

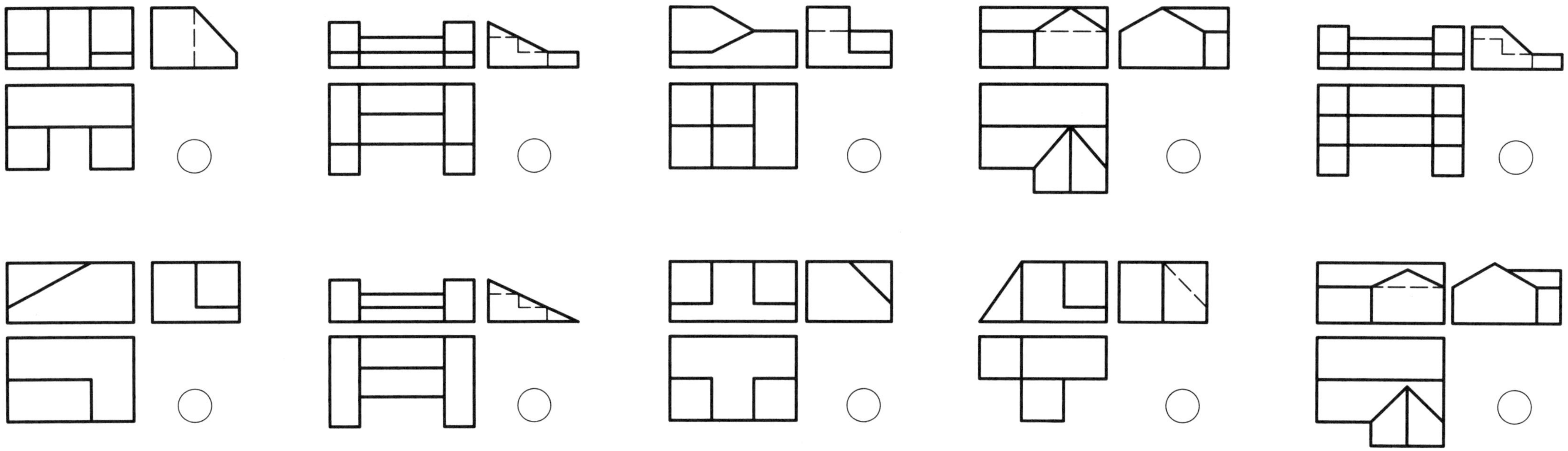

1. 已知A(30,20,15)、B(20,30,0)、C(0,0,25)三点坐标，求作其三面投影。

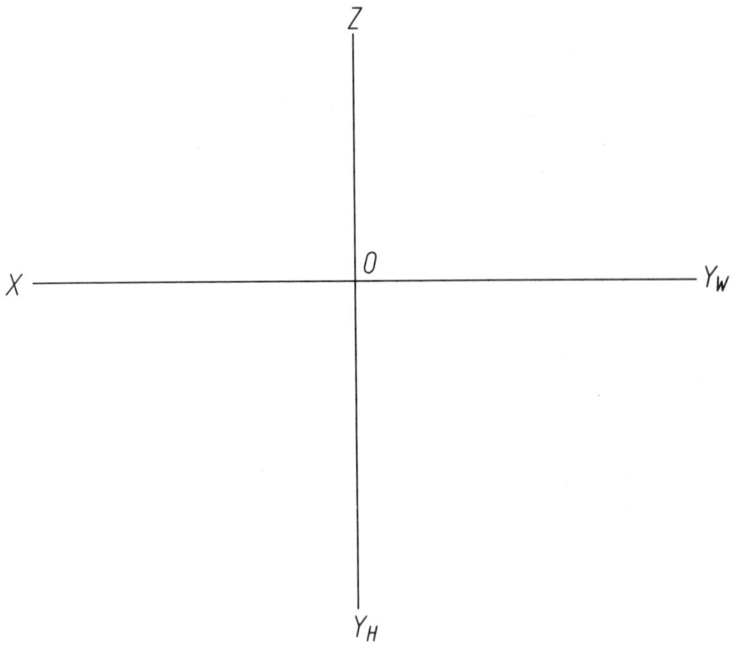

2. 已知A、B、C三点的两面投影，求其第三面投影。

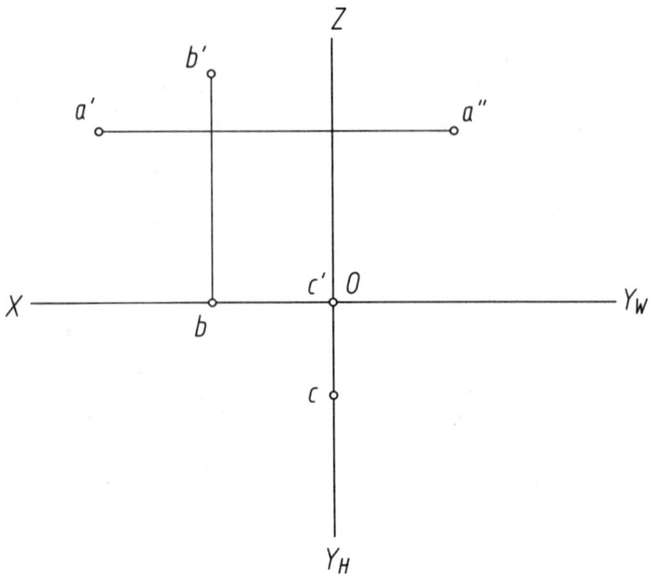

3. 已知点A到V面的距离为25 mm；点B到H面的距离为30 mm；点C到V面和H面的距离相等，试补全A、B、C的两面投影。

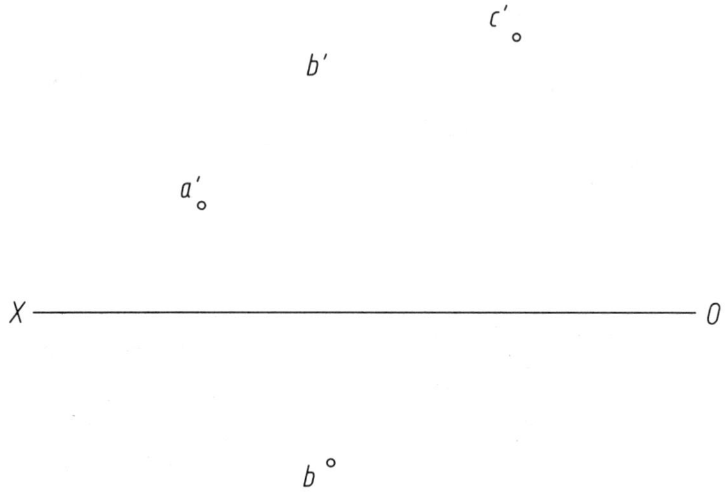

4. 判别A、B、C三点的相对位置，完成其三面投影。

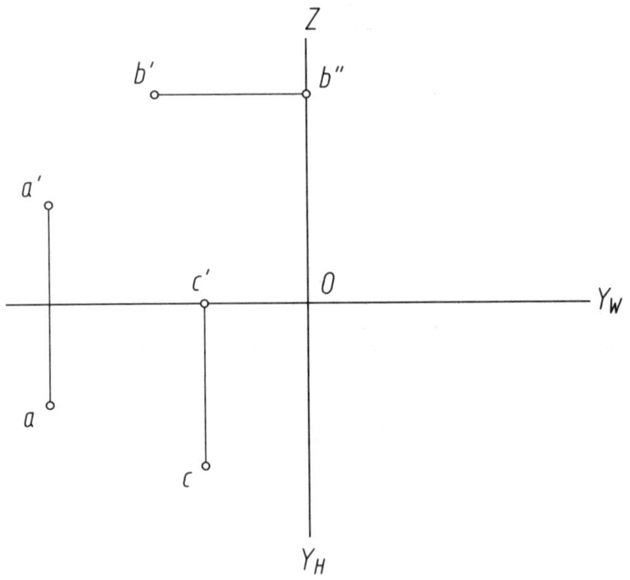

点A在点B的__________方

点C在点A的__________方

5. 完成A、B、C、D四点的三面投影，判别各重影点的可见性。

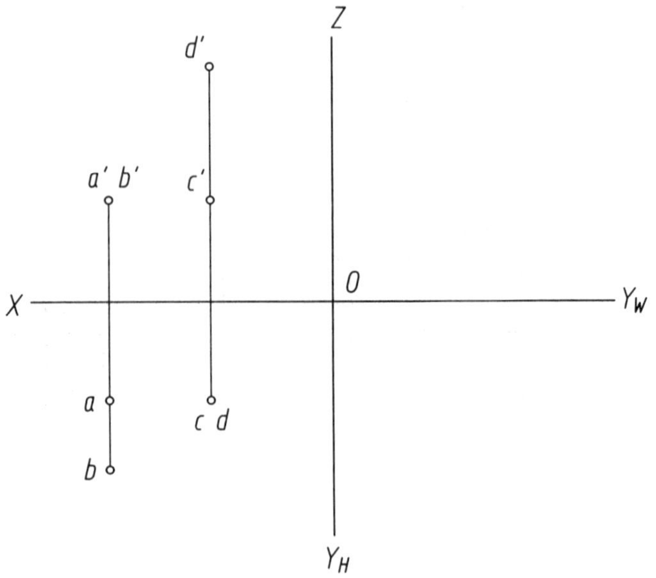

6. 已知点A与W面的距离为20 mm；点B与点A的距离为12 mm；点C与点A是对V面的重影点，在点A的正前方15 mm；点D在点A的正下方20 mm。补全诸点的三面投影并判别其可见性。

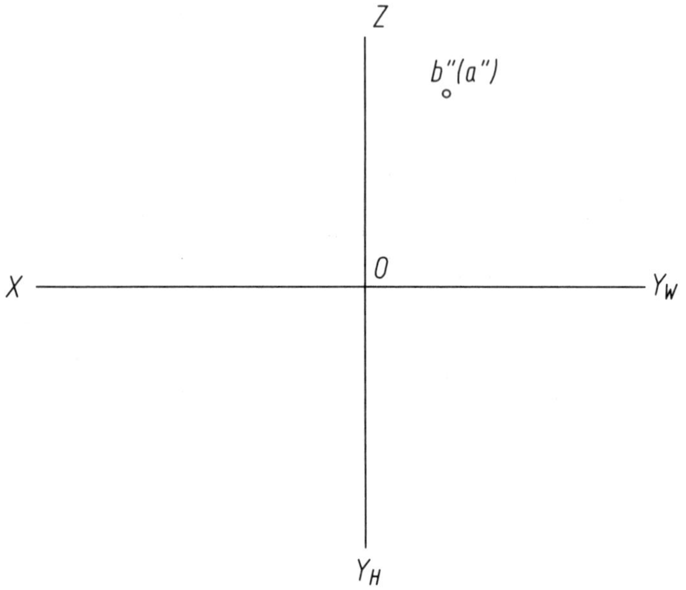

1. 判别下列直线对投影面的相对位置，并填写名称。

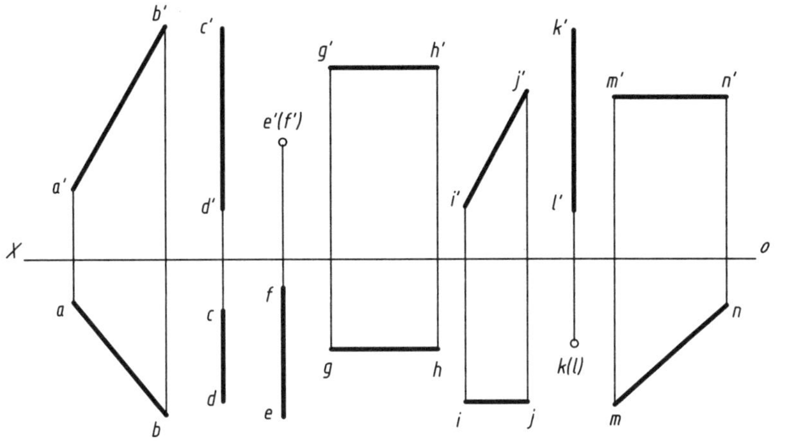

AB是________线；CD是________线；EF是________线；

GH是________线；IJ是________线；KL是________线；

MN是 _______线；

2. 过点A作下列直线的三面投影。

(1) 一般线AB，点B在点A之上5 mm、之左20 mm、之后10 mm；

(2) 正平线AC，点C在点A的右上方，α=30°,长25 mm；

(3) 正垂线AD，点D在点A正前方15 mm。

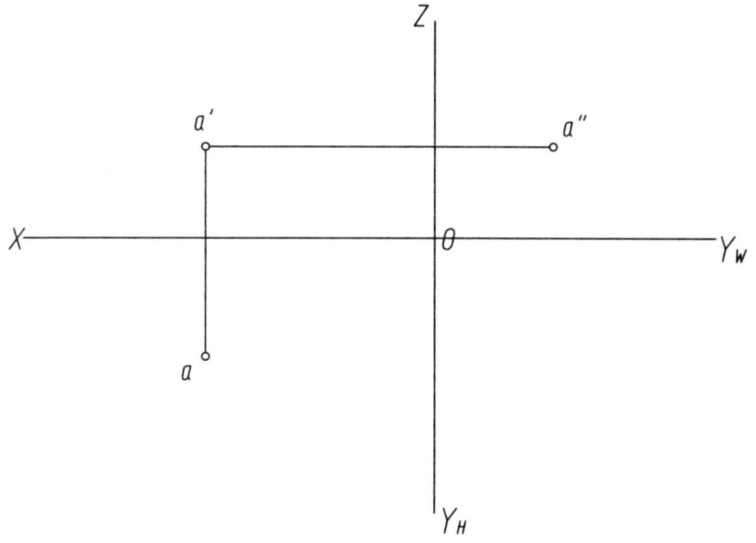

3. 求作线段AB的真长以及α、β角。

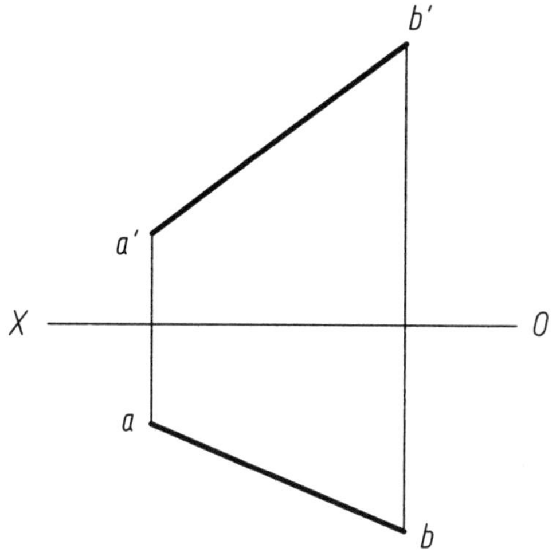

4. 已知直线AB的真长为40 mm，求作其水平投影。

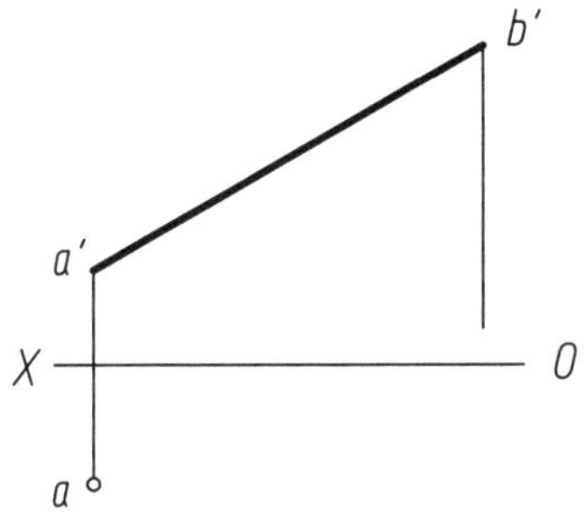

5. 已知直线AB对V面的倾角β=30°，求 a′b′。

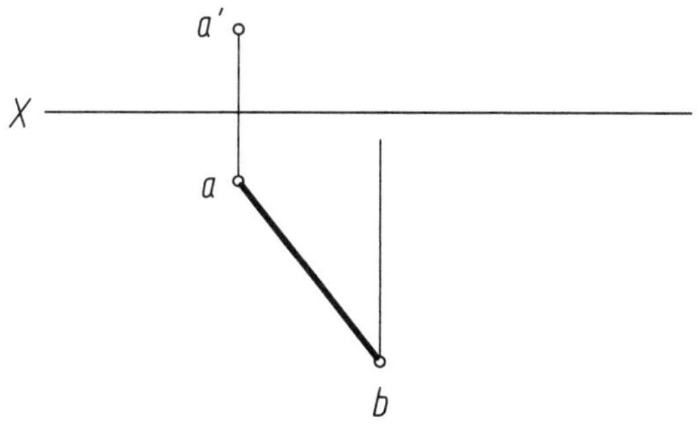

6. 试在直线AB上取点C，使AC：CB=2：3，求作点C的两面投影。

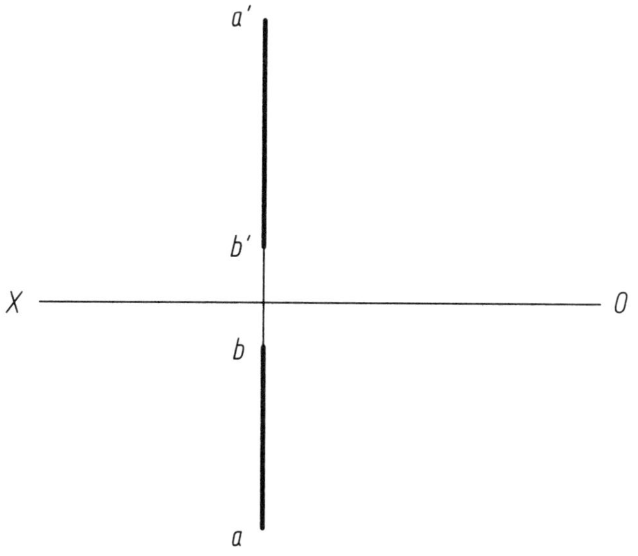

7. 判别下列直线AB与CD的相对位置，并将检验结果在括号内填写平行、相交、垂直相交、交叉或垂直交叉。

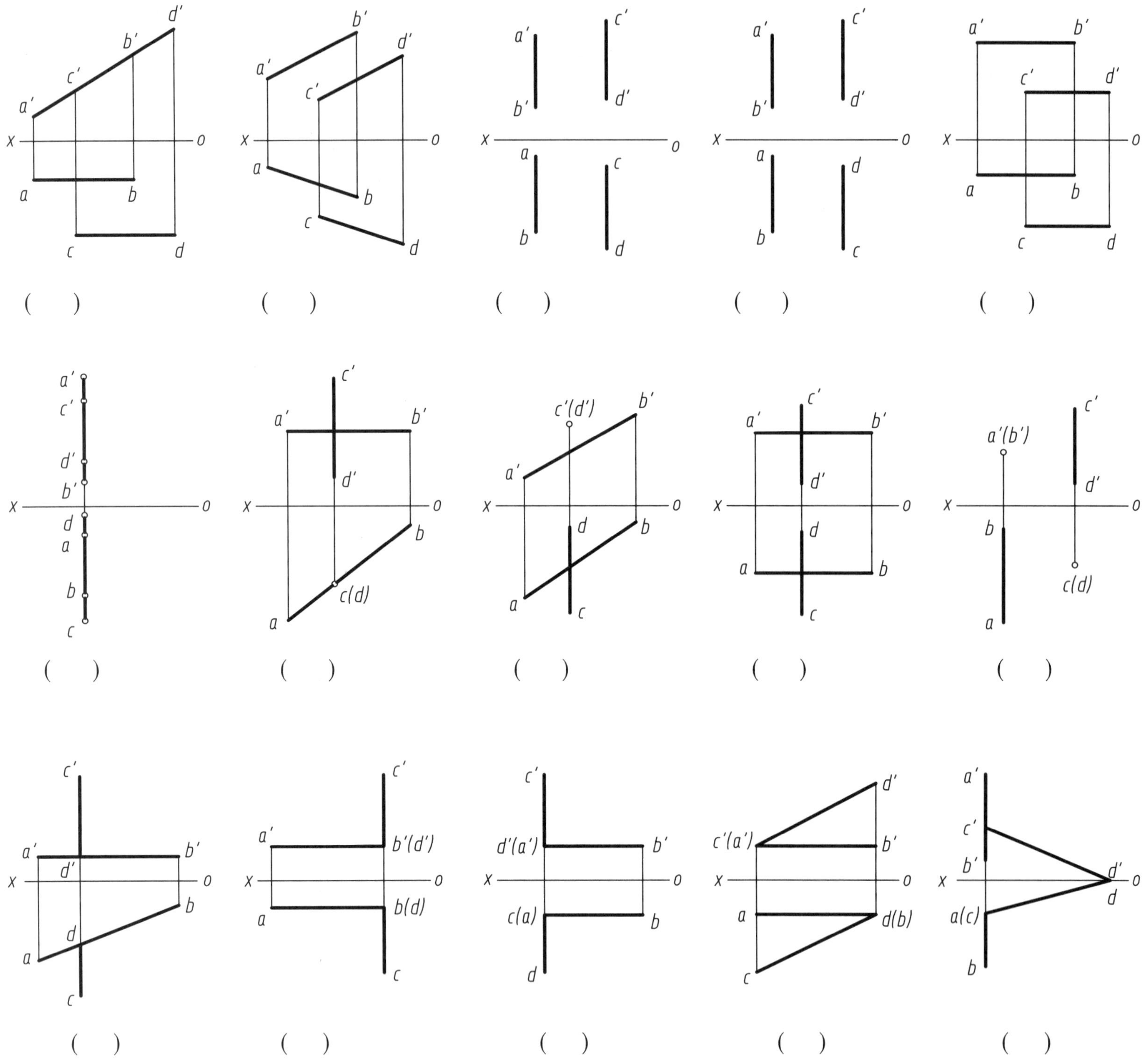

8. 已知直线MN与直线AB、CD、EF均相交，且交直线EF长度2∶3处，求作直线MN的两面投影。

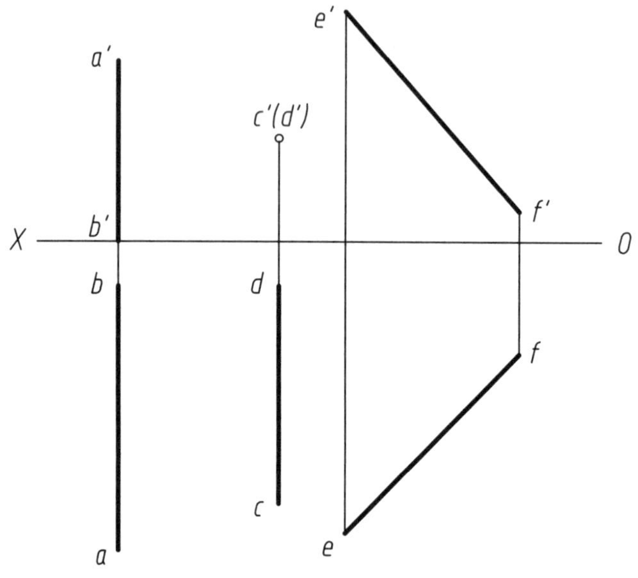

9. 过点M作直线MN与直线AB平行，且与直线CD相交于点N。

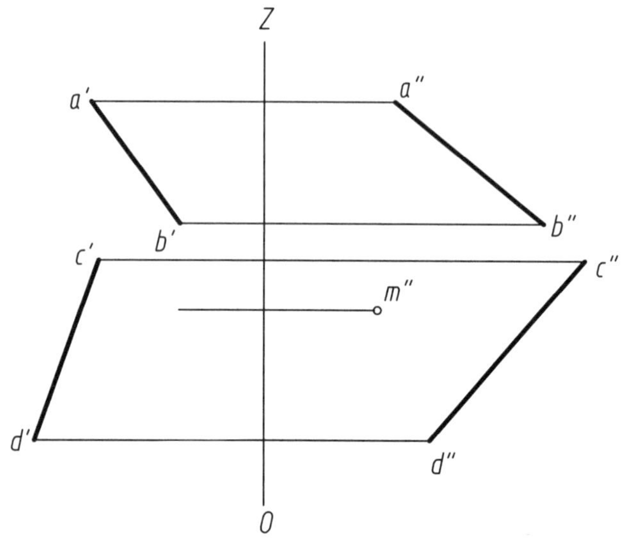

10. 作直线*GH*平行于直线*AB*，且与直线*CD*、*EF*相交。

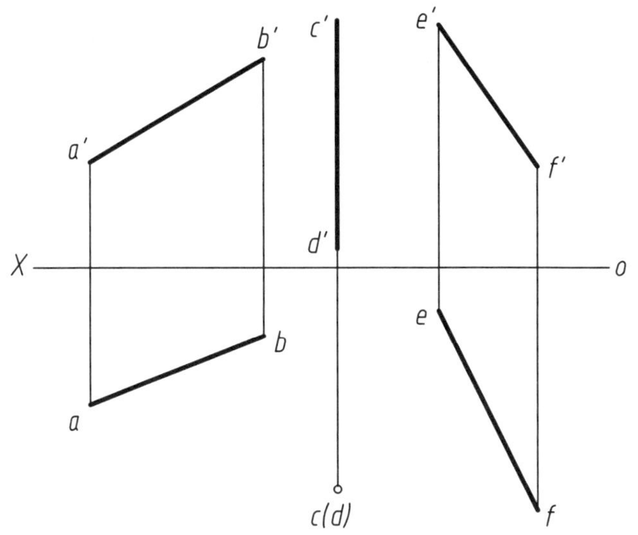

11. 过点*K*作直线*KF*与直线*CD*正交。

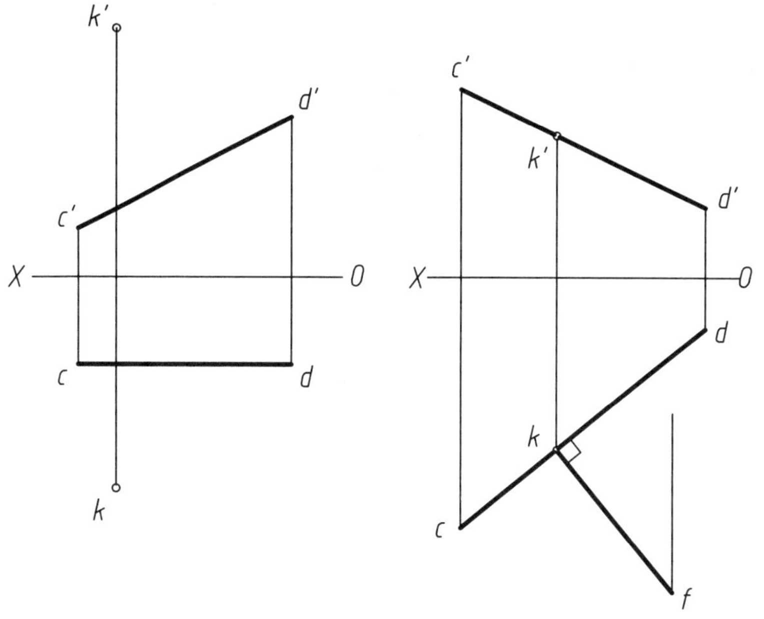

12. 过点*A*作直线*AB*与直线*CD*正交。

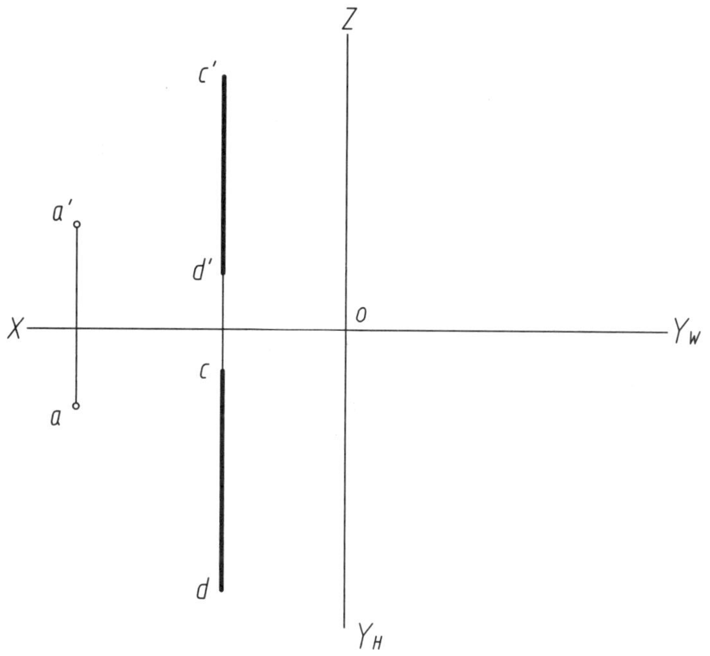

13. 已知*BD*是菱形*ABCD*的一条对角线，试完成菱形的两面投影。

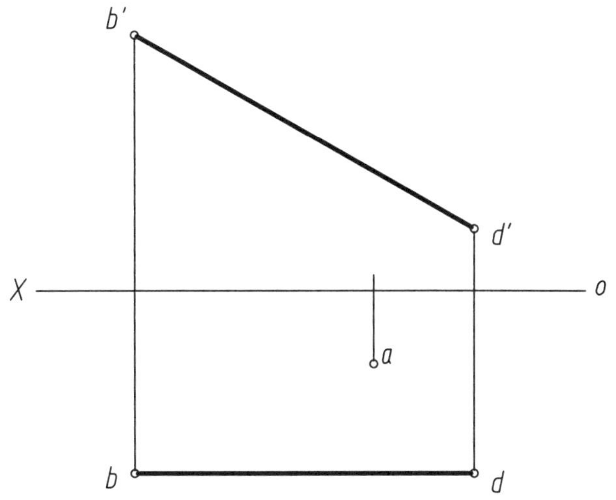

14. 求作交叉线*AB*、*CD*的公垂线的投影及真长。

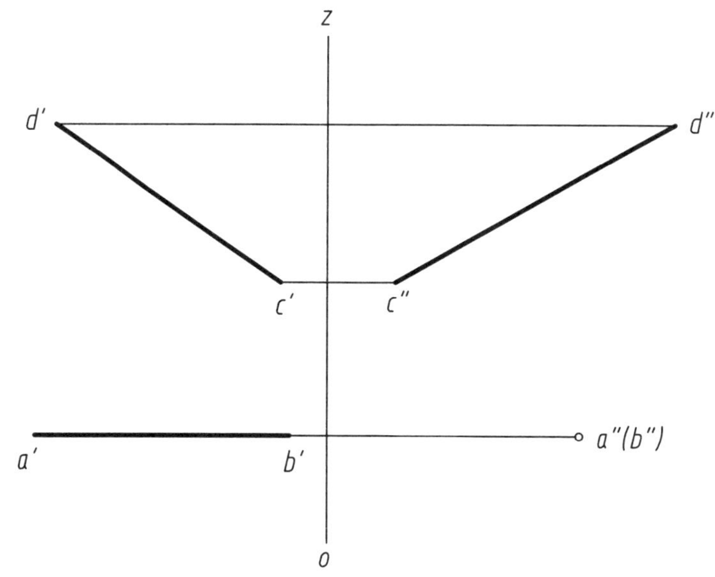

15. 已知*AC*为等腰直角△*ABC*的斜边，顶点*B*在直线*NC*上，试完成该△*ABC*的两面投影。

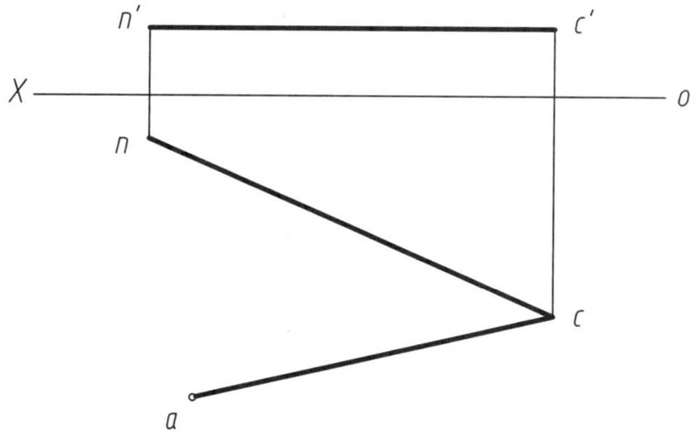

1. 按下列四个△*ABC*和具有积聚性的迹线表示的平面*P*、*Q*、*R*对投影面的相对位置，分别填写它们的名称和倾角（0°、30°、45°、60°、90°）。

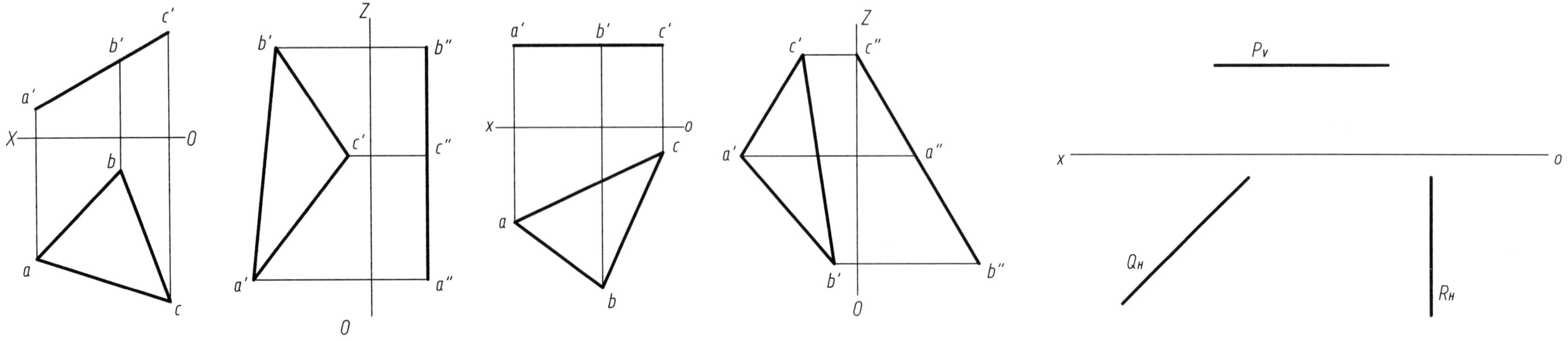

△*ABC*是______面； △*ABC*是______面； △*ABC*是______面； △*ABC*是______面； 平面*P*是______面； 平面*Q*是______面； 平面*R*是______面；

α =__； β =__； γ =__； α =__； β =__； γ =__； α =__； β =__； γ =__； α =__； β =__； γ =__； α =__； β =__； γ =__； α =__； β =__； γ =__； α =__； β =__； γ =__；

2. *AD*是正方形*ABCD*平面的左后边，其 β=30°；水平面等边△*EFG*，试完成它们的两面投影。

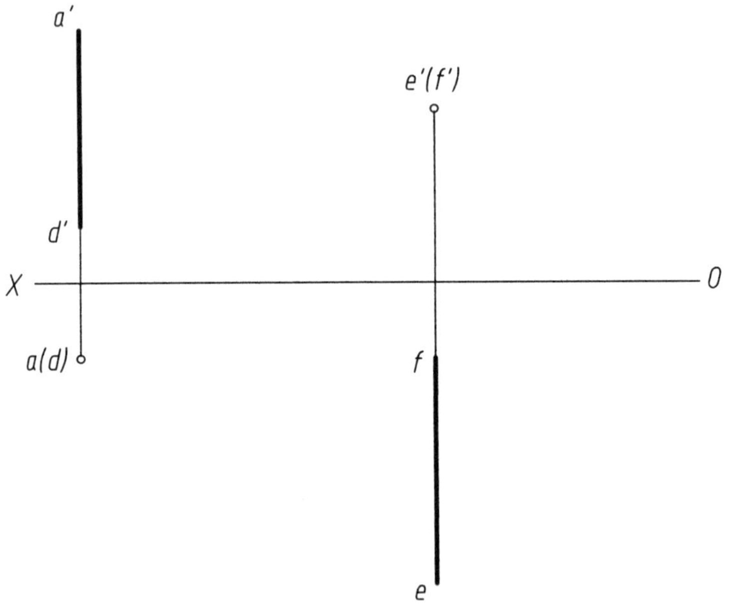

3. 已知正方形*ABCD*对*H*面的倾角α=60°，*AC*是正方形的对角线，顶点*B*在*AC*的后上方，试完成其三面投影。

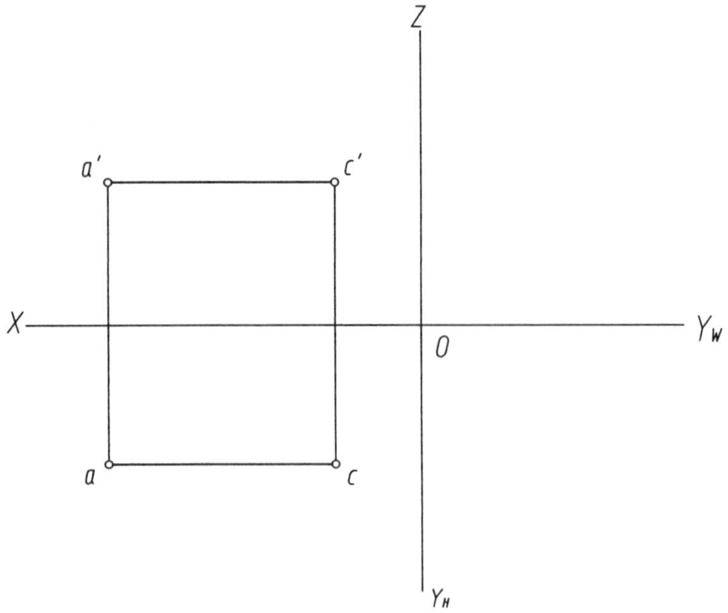

4. 已知正方形*ABCD*的后边*AB*为正平线，试补全正方形的侧面投影。

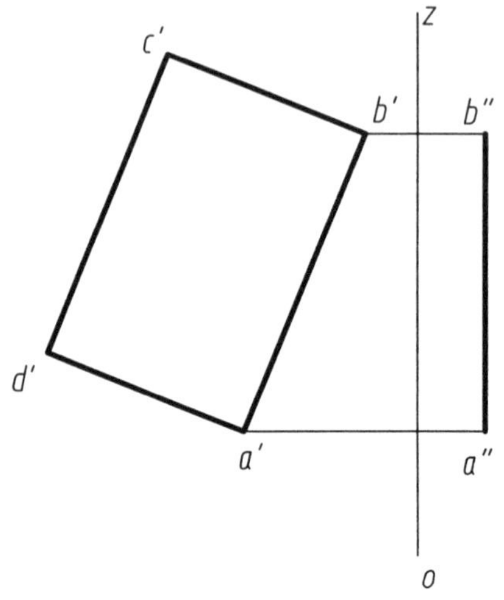

5. 判别点K、直线EF是否在平面上。

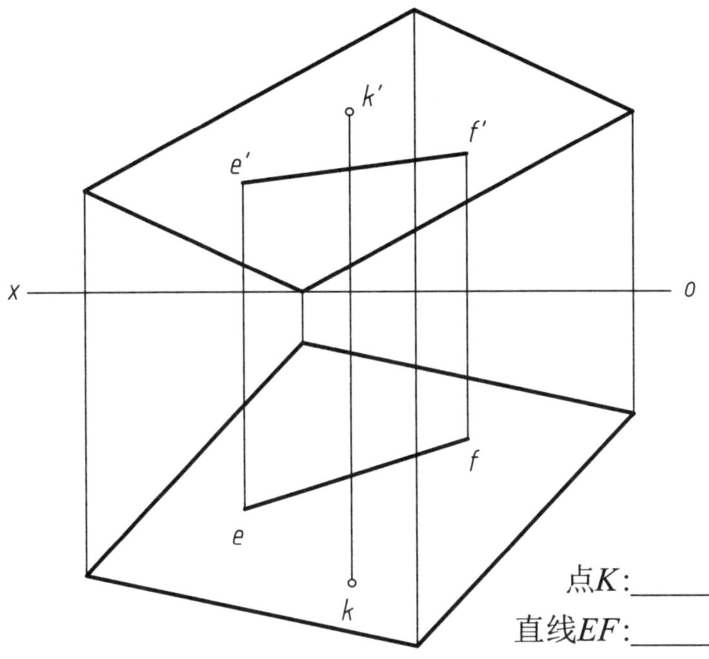

点K:________。

直线EF:________。

6. 完成下列平面的第三投影，并求作属于平面的点K的另外两面投影。

(1)

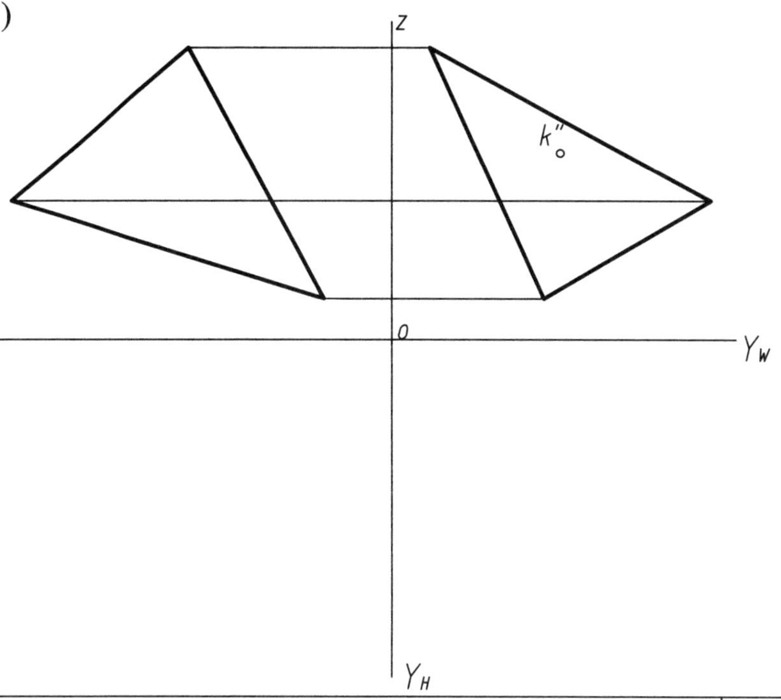

(2)

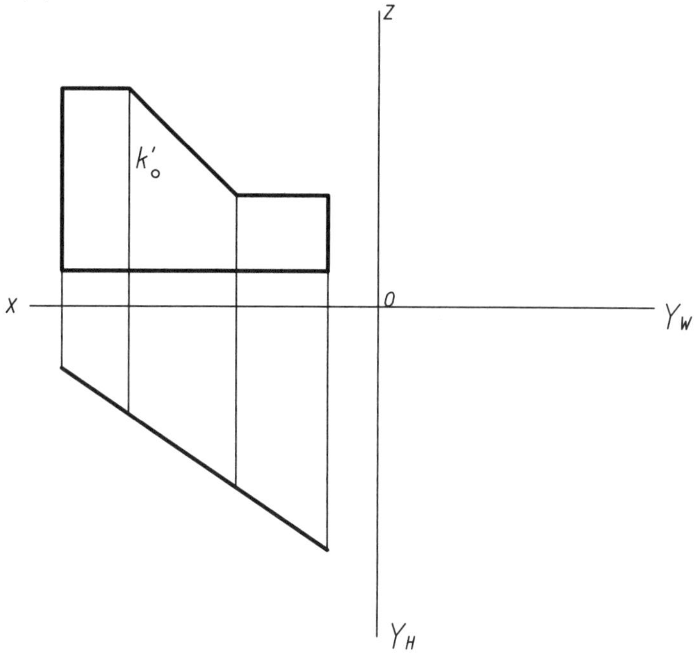

7. 完成平面五边形$ABCDE$的水平投影。

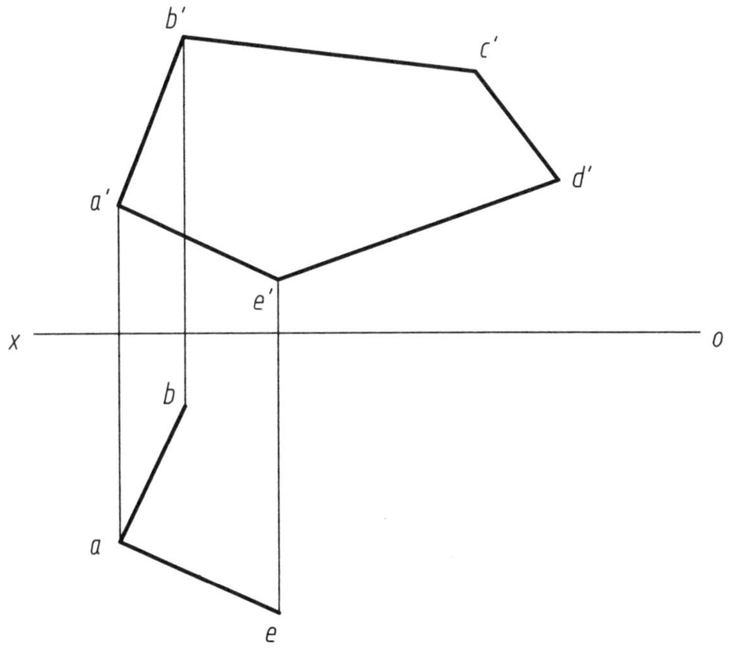

8. 已知AB是平面四边形$ABCD$上的一条正平线，试完成该平面的水平投影。

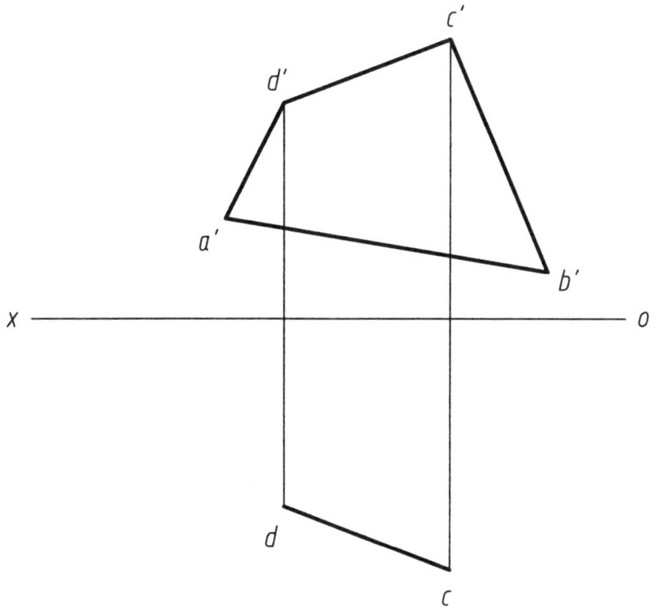

9. 过平面△ABC的顶点A，作对H面的最大倾斜线AM，并求作△ABC对H面的倾角α。

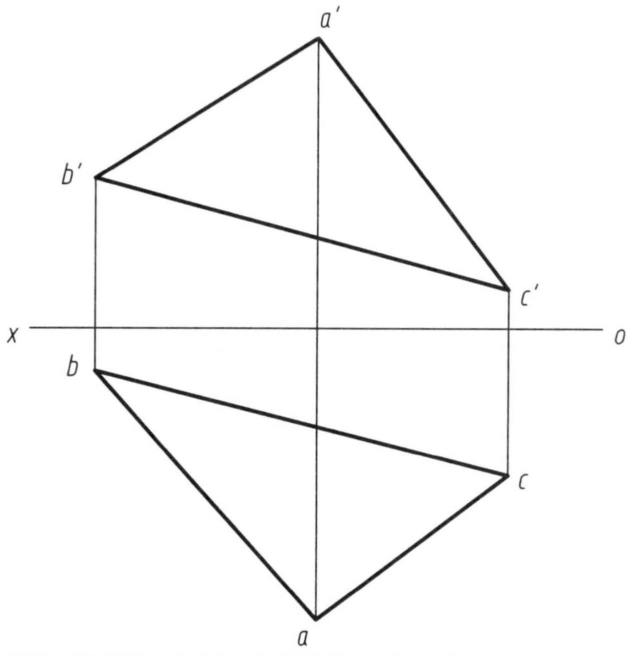

10. 过平面△*ABC*的顶点*A*，作对*V*面的最大倾斜线*AN*，并求作△*ABC*对*V*面的倾角*β*。

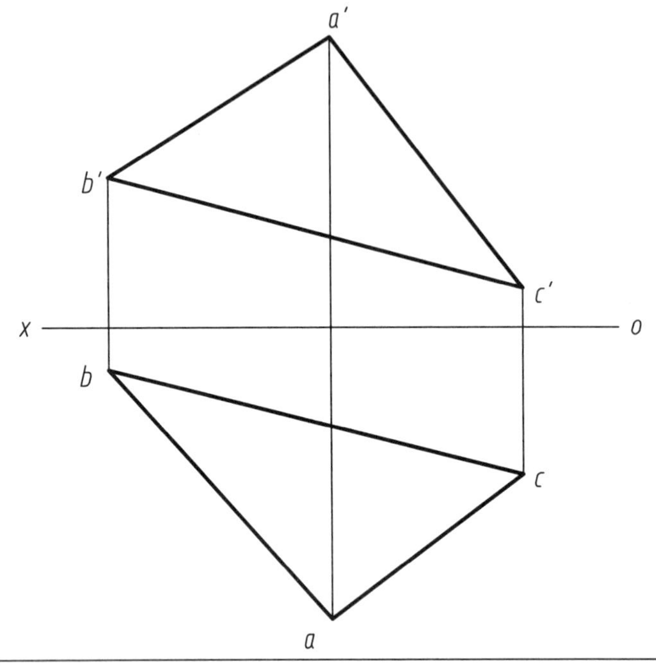

11. 已知正方形平面*ABCD*对*H*面的倾角为45°，试完成该正方形的两面投影。

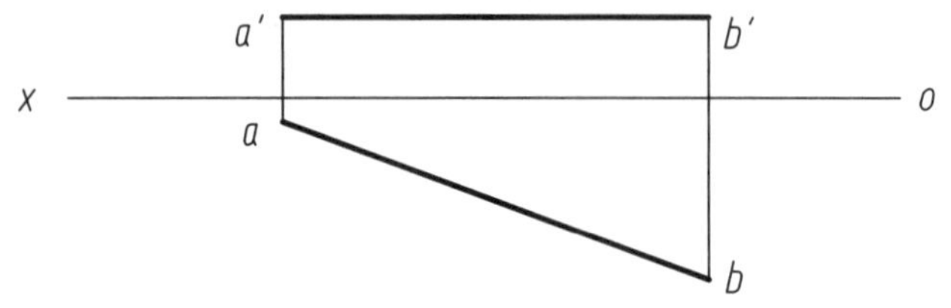

12. 已知*AD*是△*ABC*平面上对*H*面的最大倾斜线，试补全△*ABC*的水平投影。

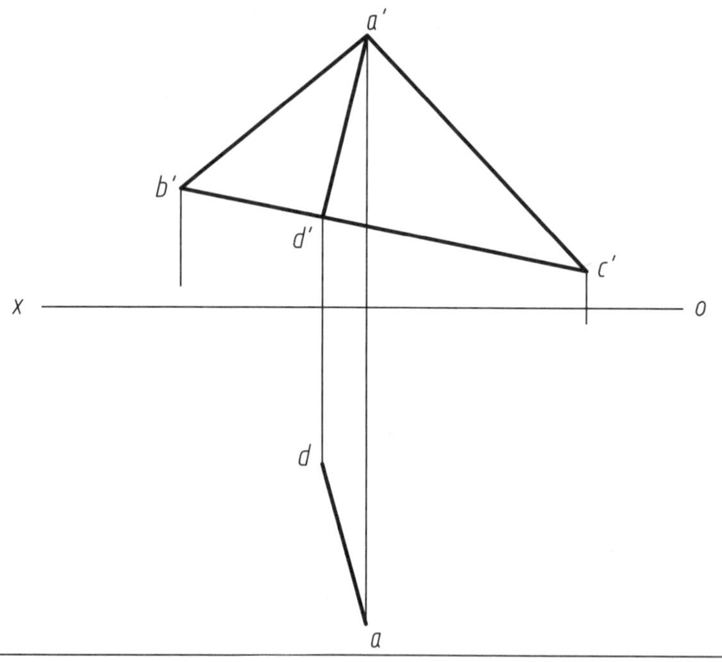

13. 在平行四边形平面上有一等腰直角△*ABC*，直角顶点*C*在*AB*的后上方，试完成该三角形的两面投影。

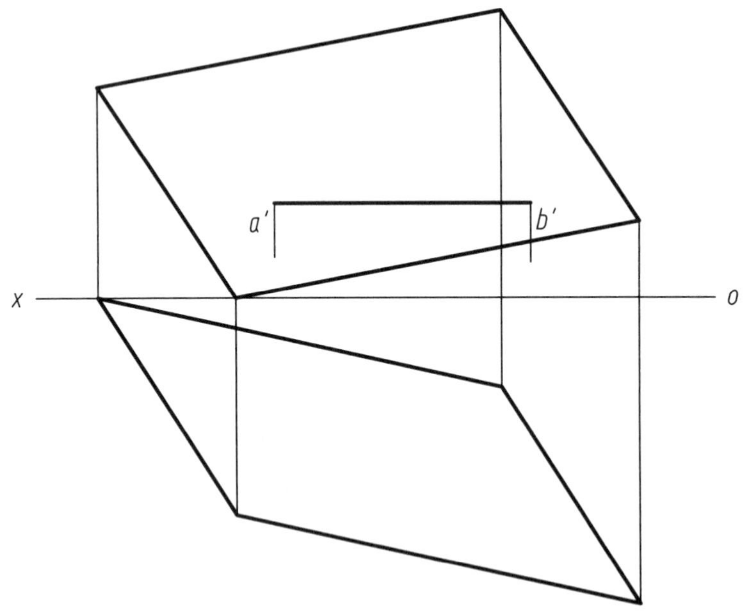

14. 求作等边△*ABC*的投影。其顶点为*A*，边*BC*位于直线*EF*上。

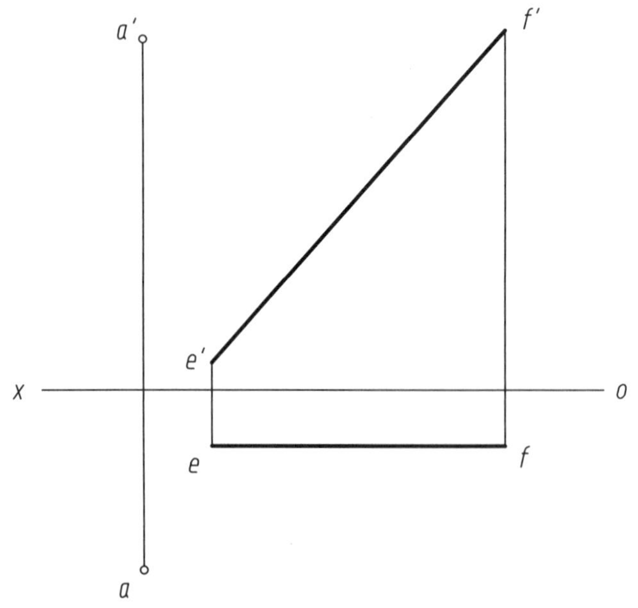

15. 已知*AB*是矩形*ABCD*的一条边，顶点*D*在直线*EF*上，试完成矩形的两面投影。

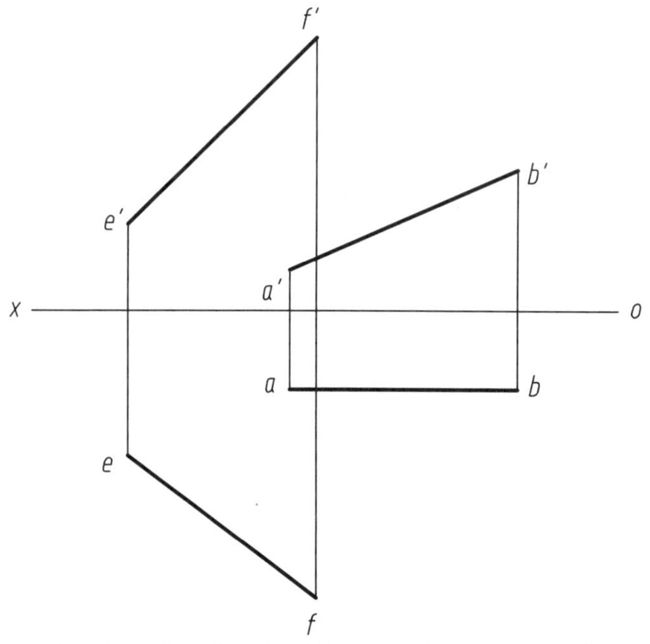

1. 过点A作正平线AB平行于平面△DEF，且AB=20 mm。

(1)

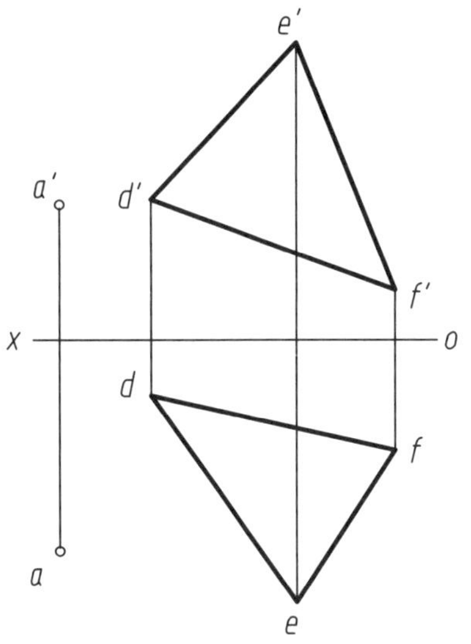

(2)

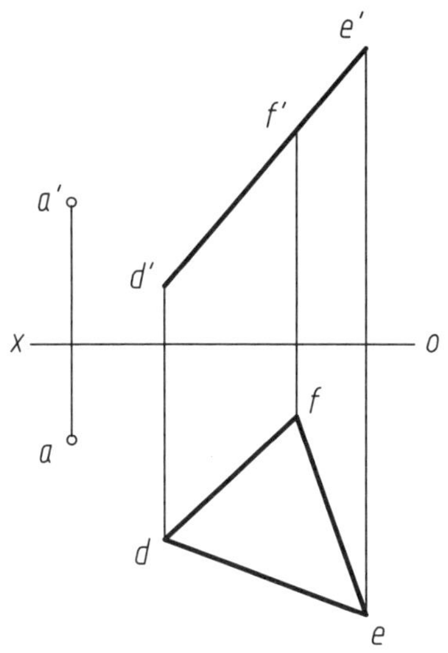

2. 已知直线MN与平面△ABC平行，试补全△ABC的正面投影。

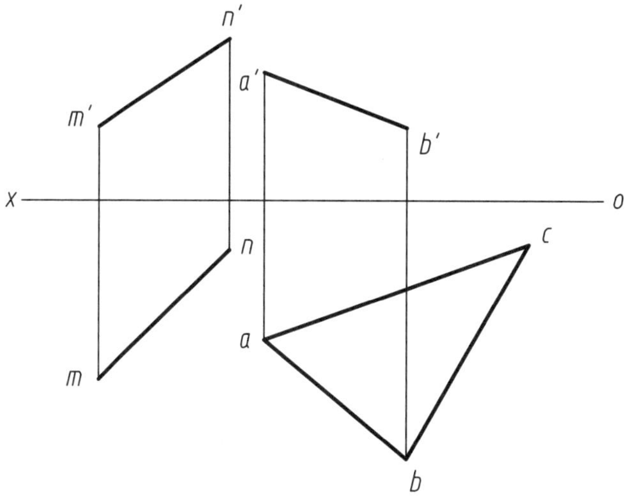

3. 检查下列平面是否平行。

(1)

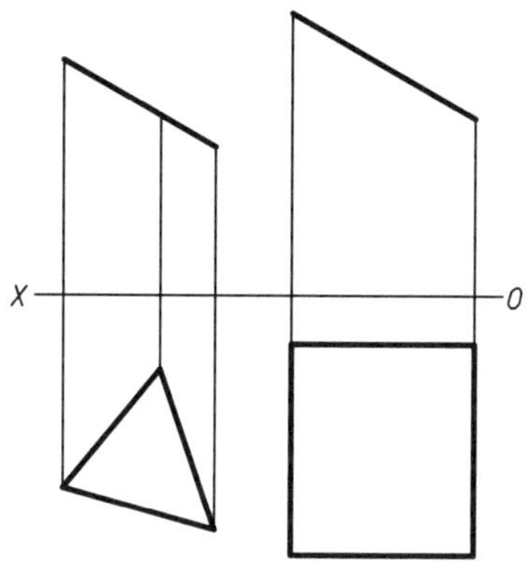

(2)

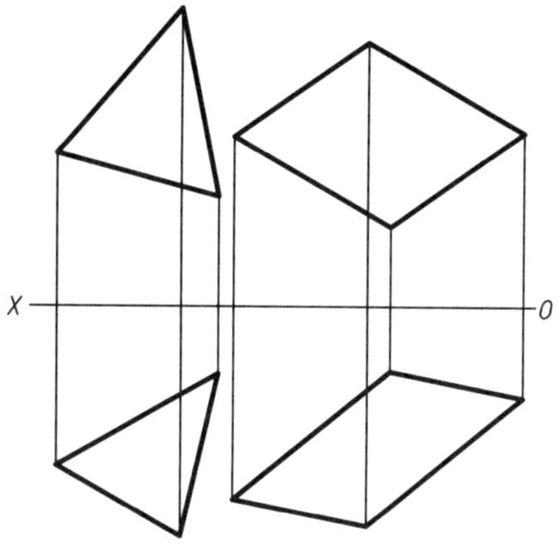

两平面：________。　　两平面：________。

4. 求作下列线面的交点，并判别其可见性。

(1)

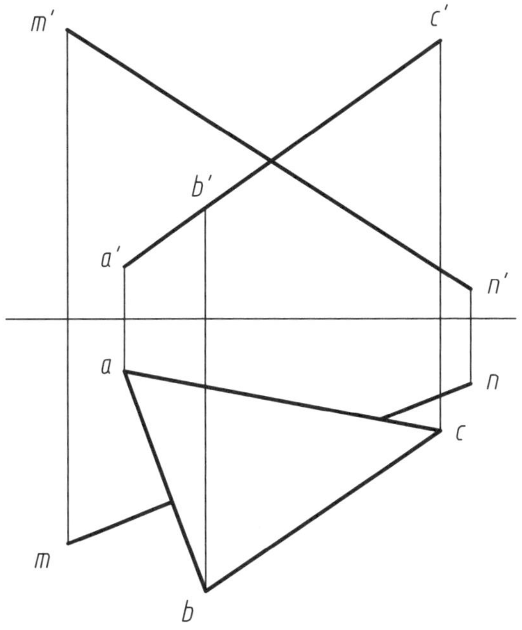

(2)

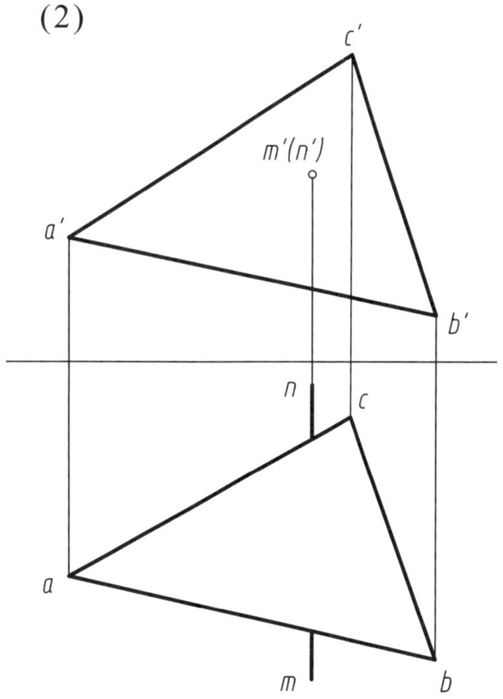

(3)

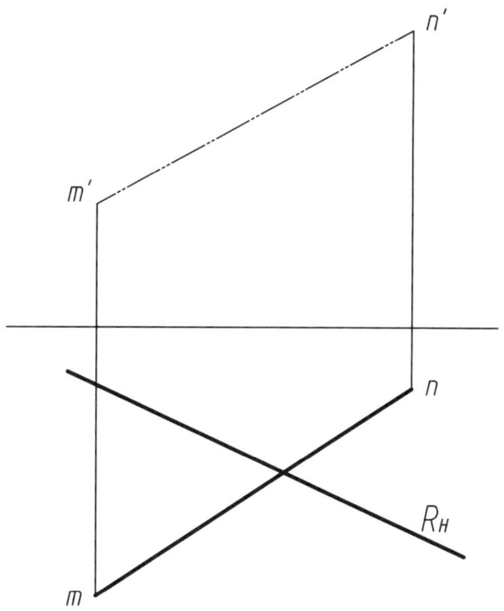

(4)

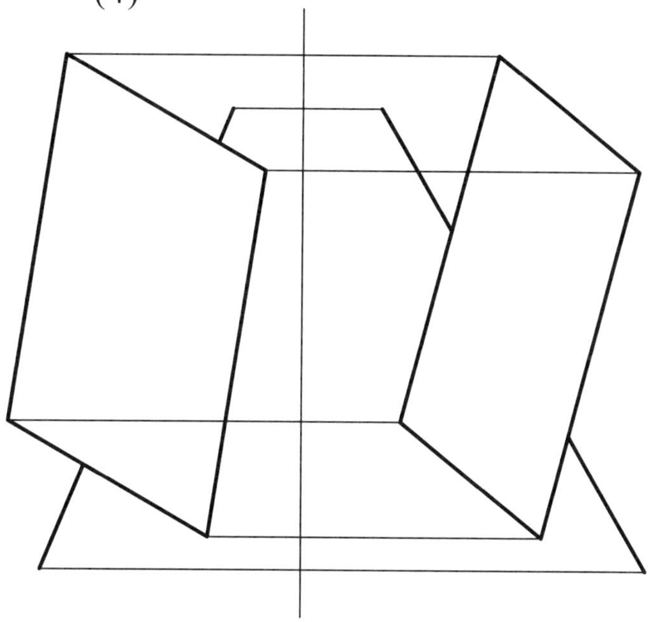

5. 求作下列两平面的交线，并判别其可见性。

(1)

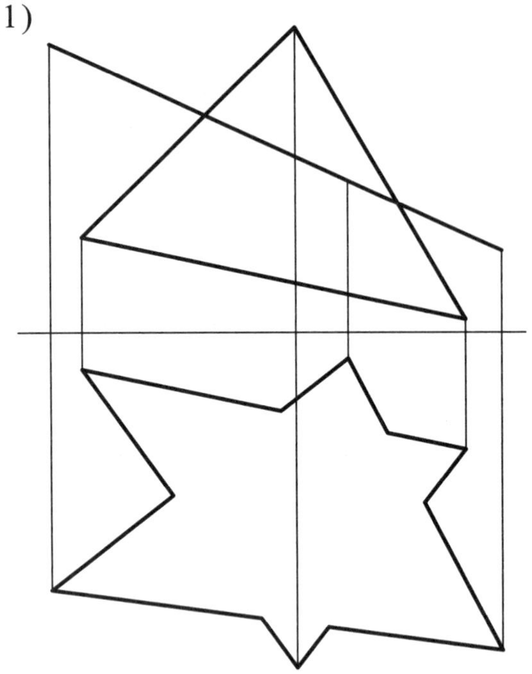

(2)

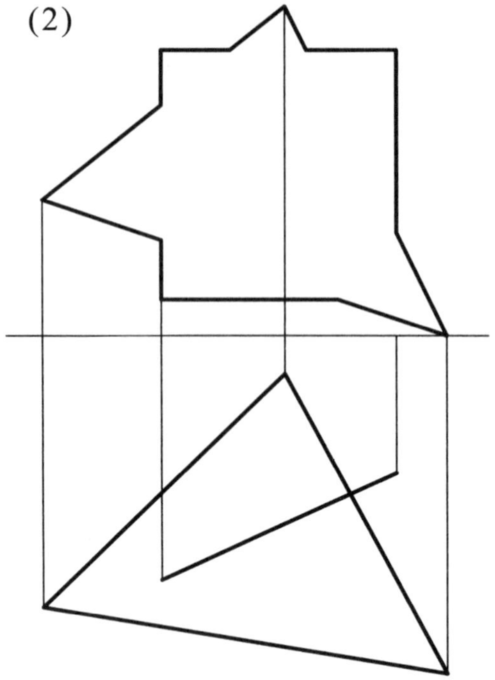

(3)

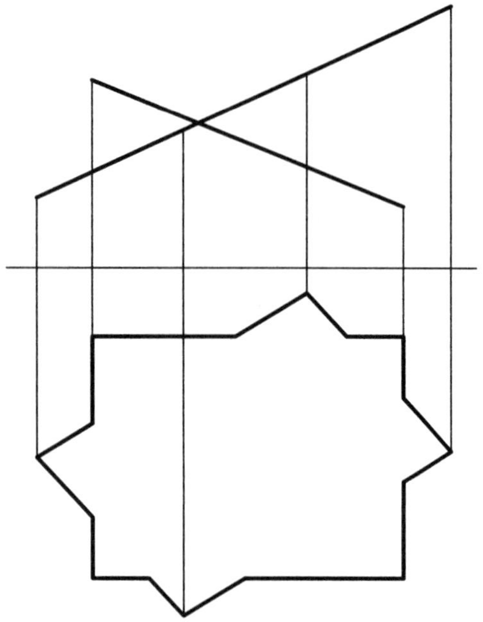

6. 过点M作直线MN垂直于平面$\triangle ABC$，垂直点为N。

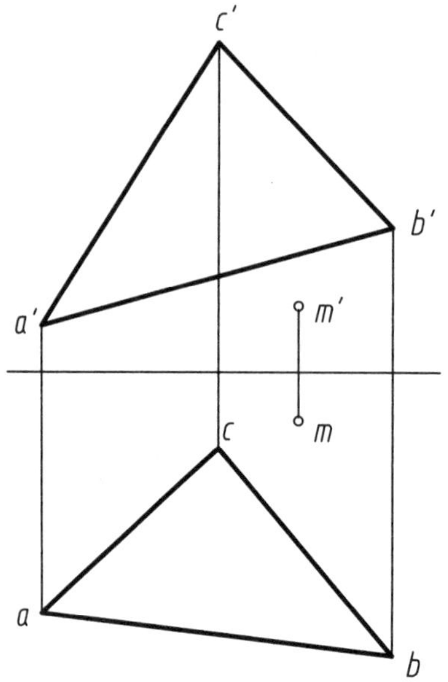

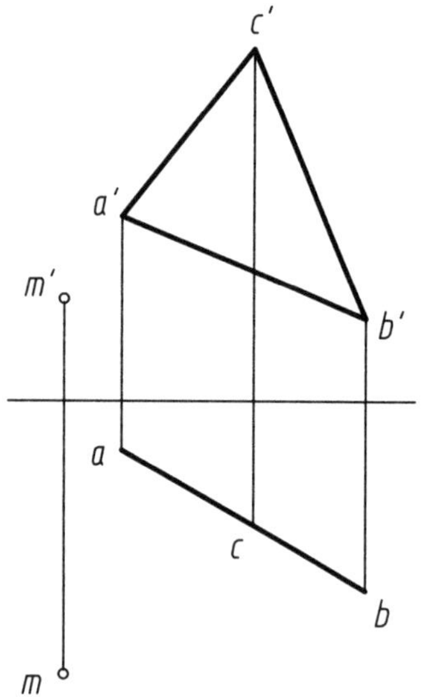

7. 检验下列直线与平面或平面与平面的相对位置，在投影图下方的括号内填写“平行”“倾斜”或“垂直”。

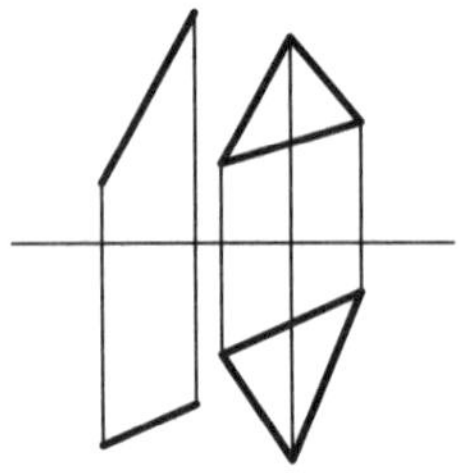

(　)

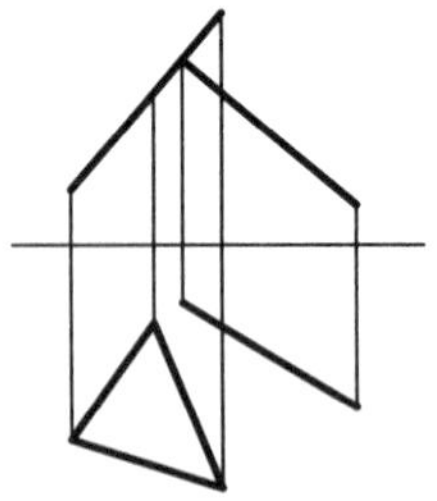

(　)

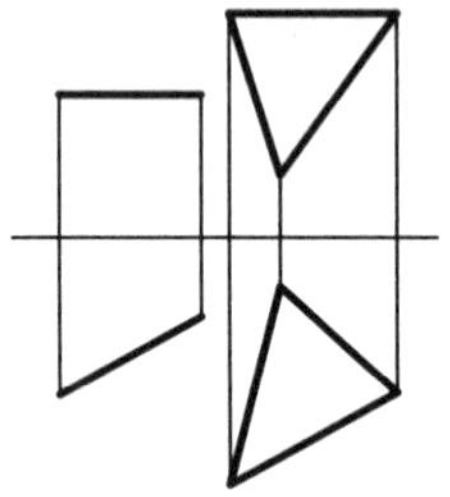

(　)

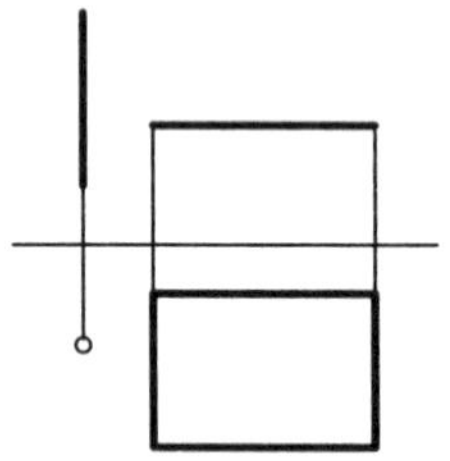

(　)

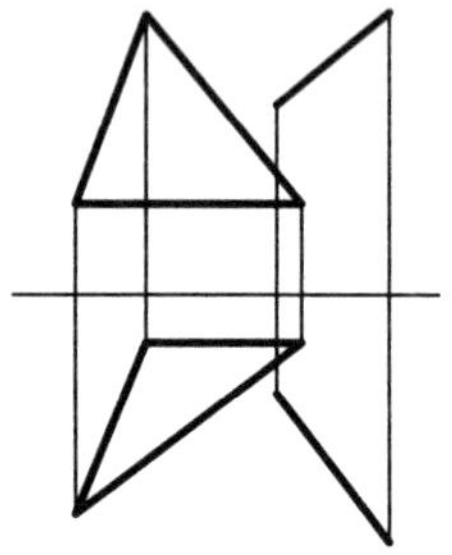

(　)

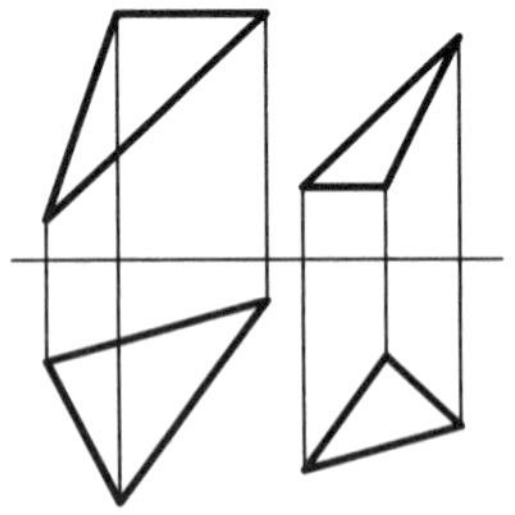

(　)

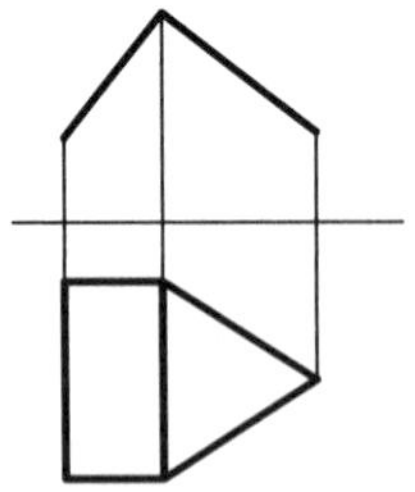

(　)

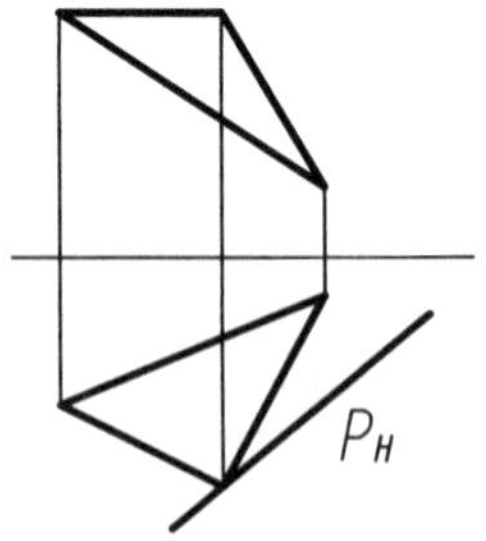

(　)

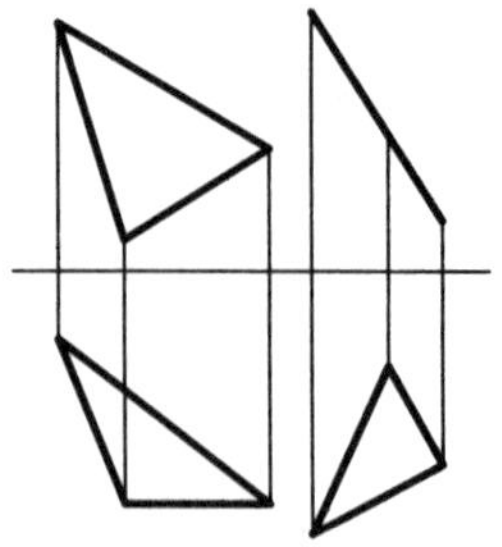

(　)

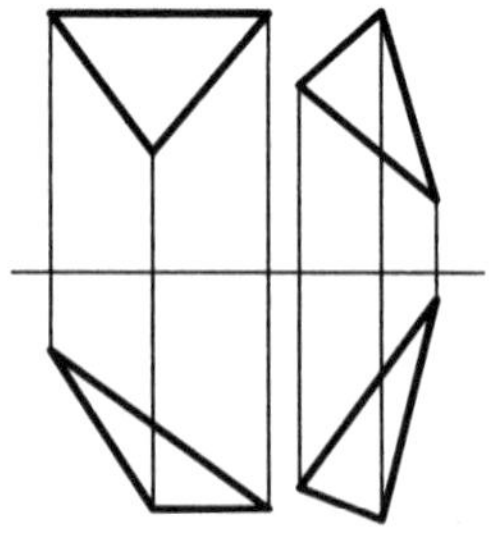

(　)

8. 已知平面$\triangle EFG$与平面$\triangle ABC$垂直，试补全$\triangle ABC$正面投影。

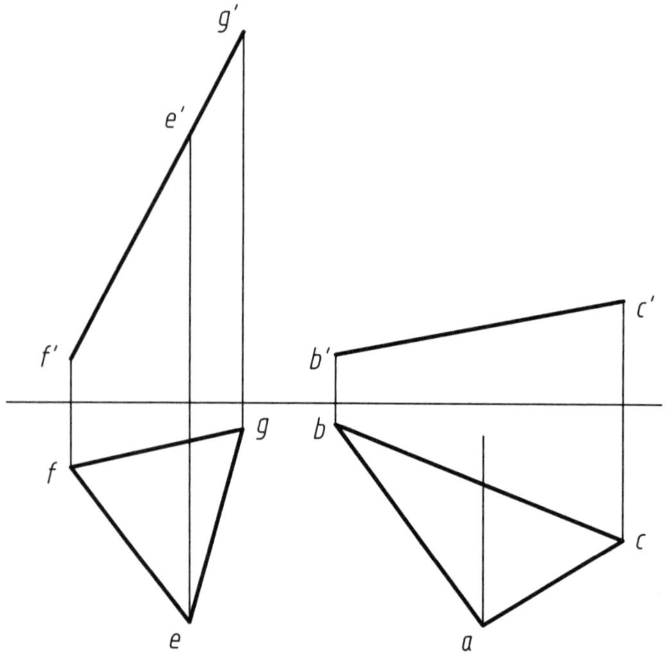

1. 求作直线AB的真长及α、β倾角。

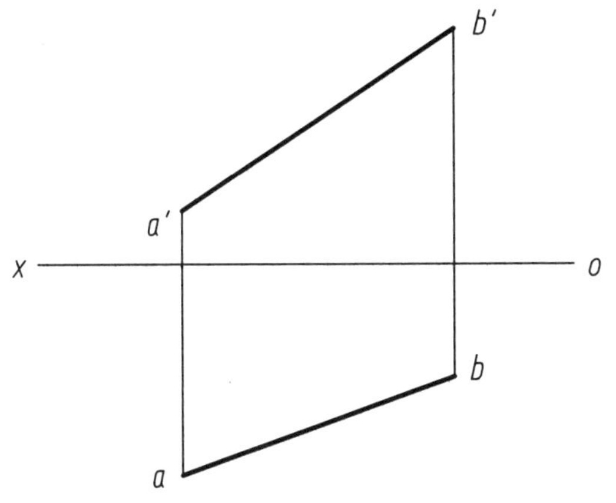

2. 已知AB的真长为45 mm，试补全其水平投影。有几解？

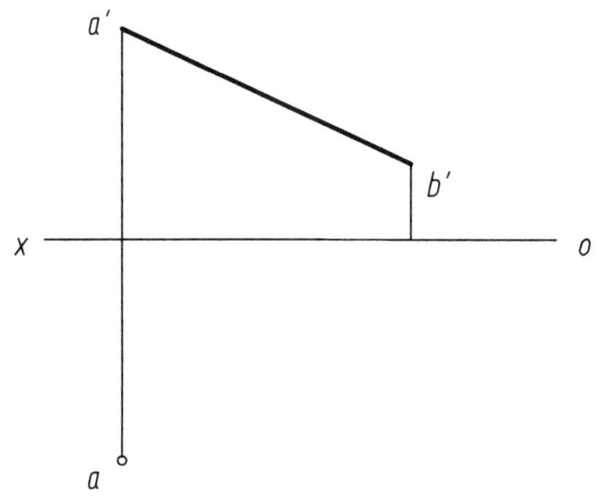

3. 求作∠ABC的真实大小。

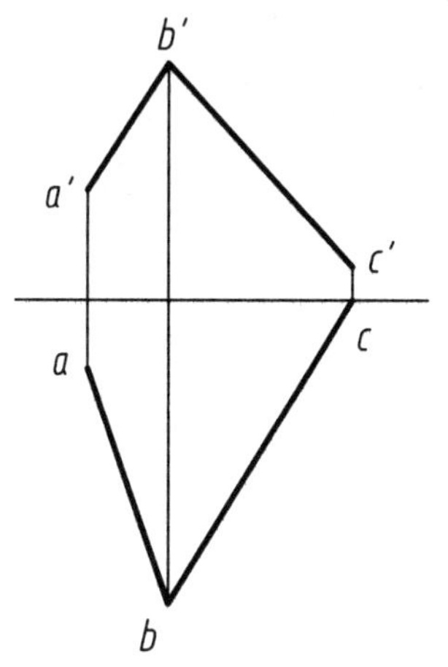

4. 求作点A到直线BC的距离以及垂线AD的两面投影。

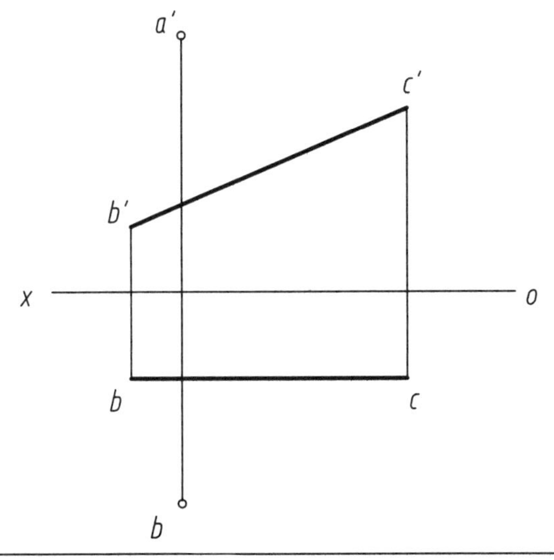

5. 已知∠BAC=45°，试补全其正面投影。

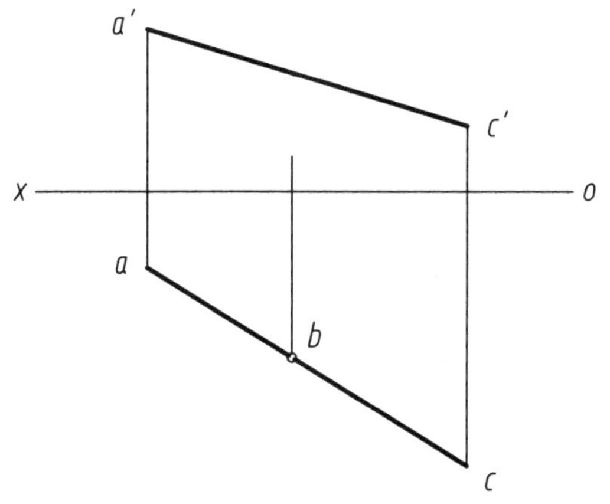

6. 求作点D到△ABC的距离以及垂足E和垂线DE的投影。

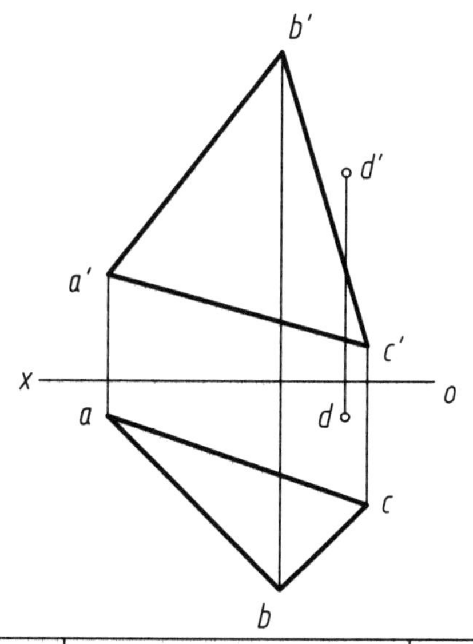

7. 求作△*ABC*外接圆圆心*K*点的两面投影。

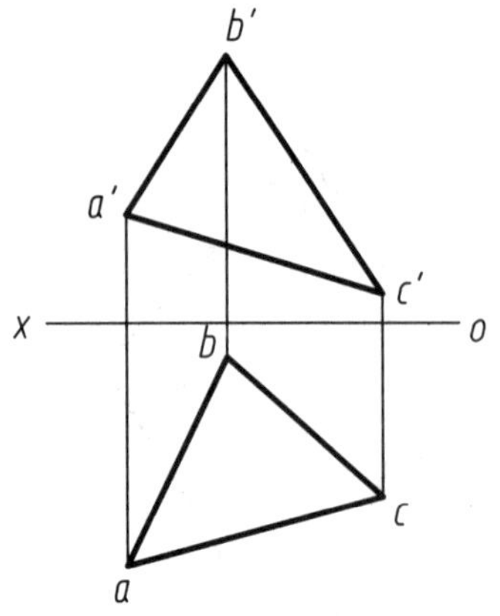

8. 已知矩形*ABCD*的边*BC*的两面投影，补全矩形的两面投影。

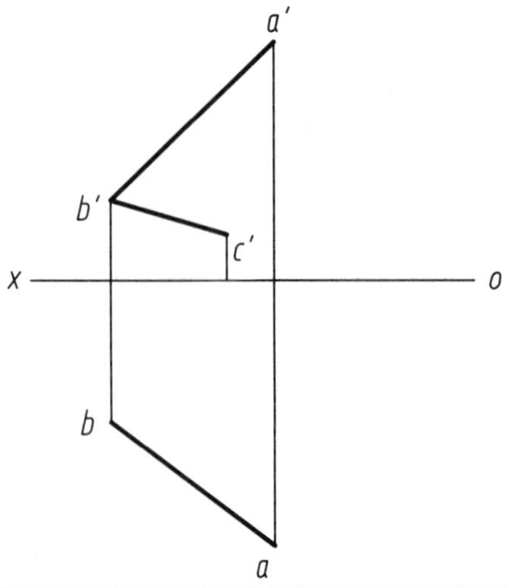

9. 已知等腰△*ABC*的顶点*C*位于直线*EF*上，补全等腰△*ABC*的两面投影。

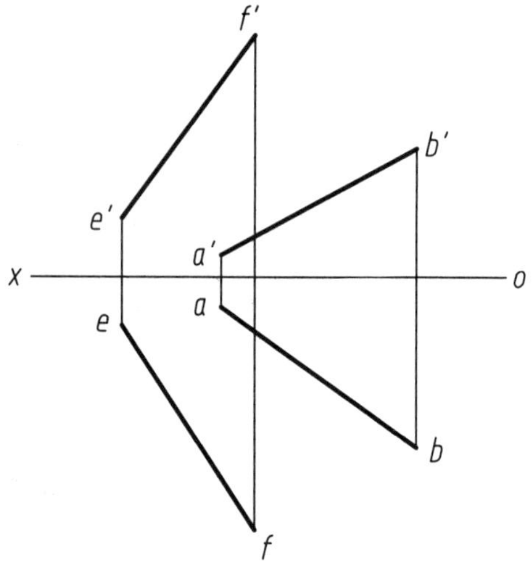

10. 求作*AB*、*CD*两交叉线的公垂线*MN*的真长及投影。

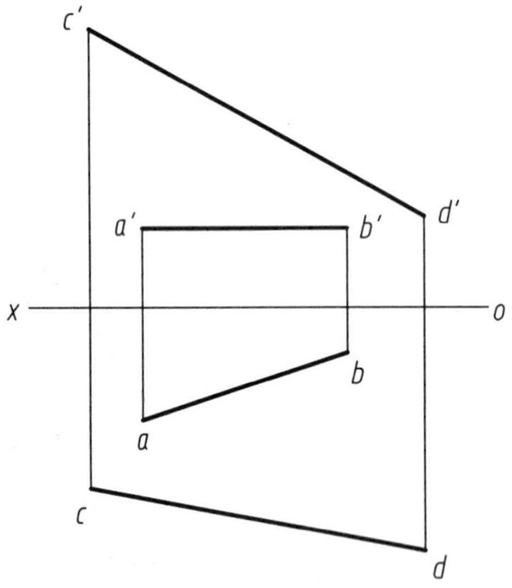

11. 已知交叉线*AB*与*CD*的距离为10 mm，试补全*CD*的正面投影。

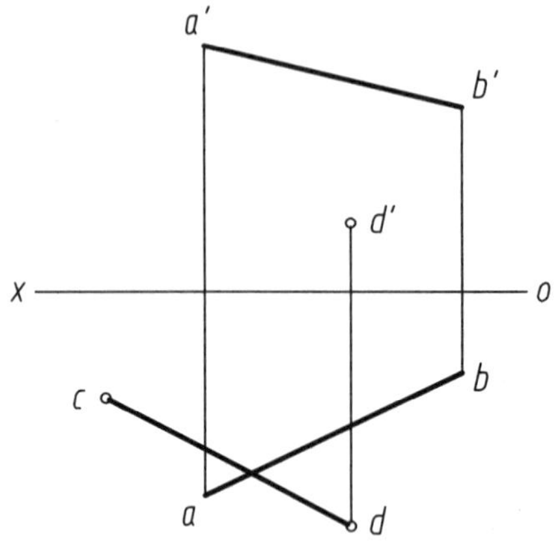

12. 已知正方形*ABCD*的一条对角线*BD*在直线*EF*上，试补全正方形*ABCD*的两面投影。

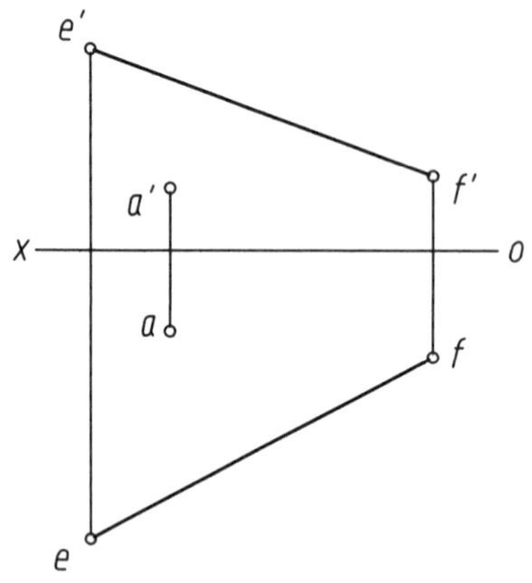

13. 求作两平面间的交线及其可见性。

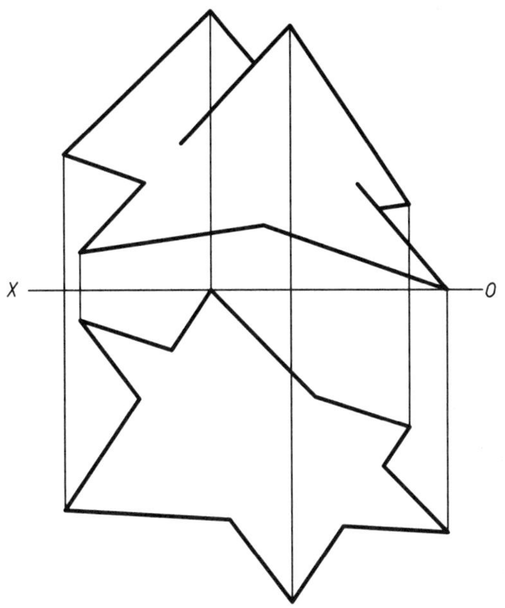

14. 已知等边△*ABC*对*H*面的倾角为30°，试补全其两面投影。有几解？

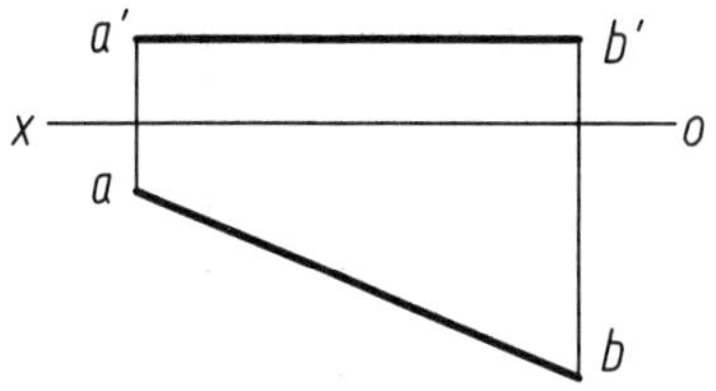

15. 已知直线*EF*与△*ABC*平面相距10 mm，补全直线*EF*的水平投影。有几解？

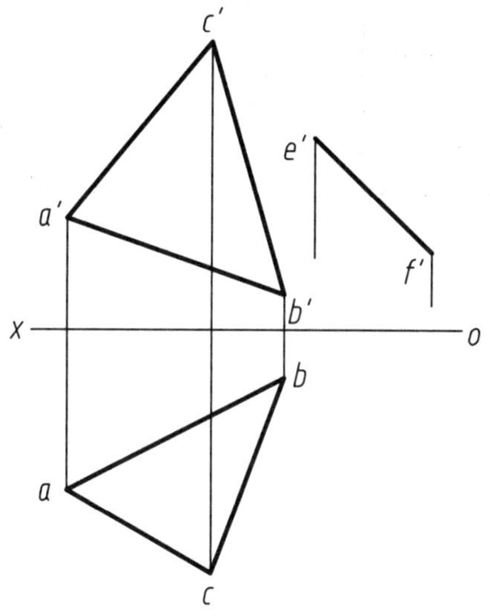

16. 已知△*ABC*与点*D*相距10 mm，补全△*ABC*的正面投影。有几解？

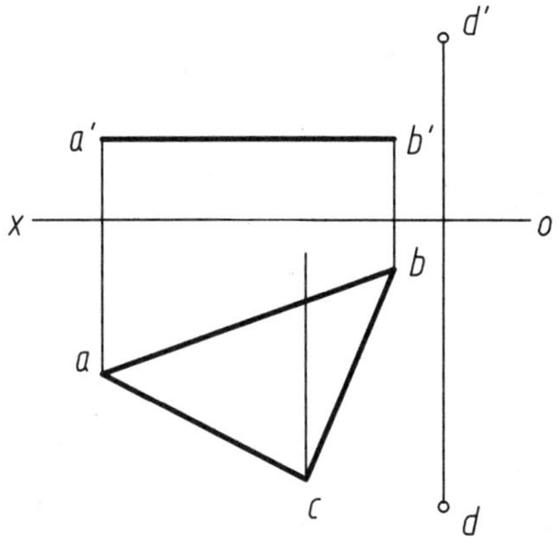

17. 试用旋转法作直线*AB*的真长与倾角*α*、*β*。

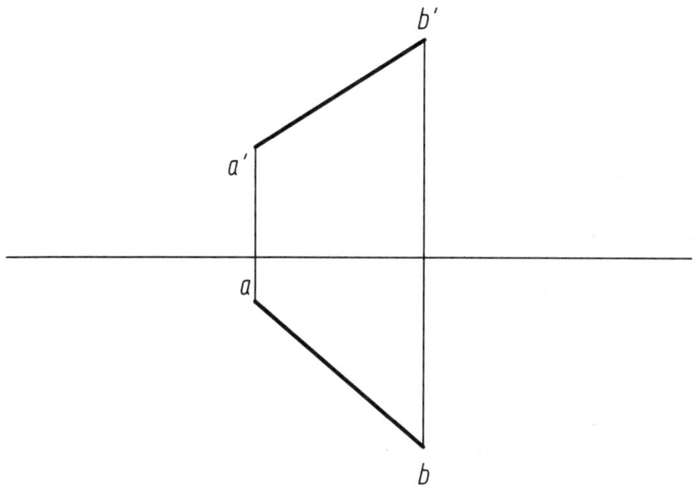

18. 试用旋转法作平行四边形*ABCD*平面的真形。

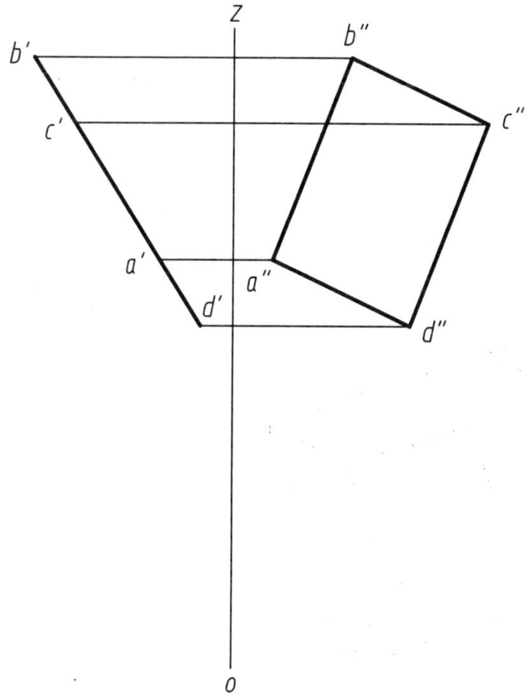

1. 作出正六棱柱的水平投影，并补画其表面上线段 *ABCDE* 的另外两投影。

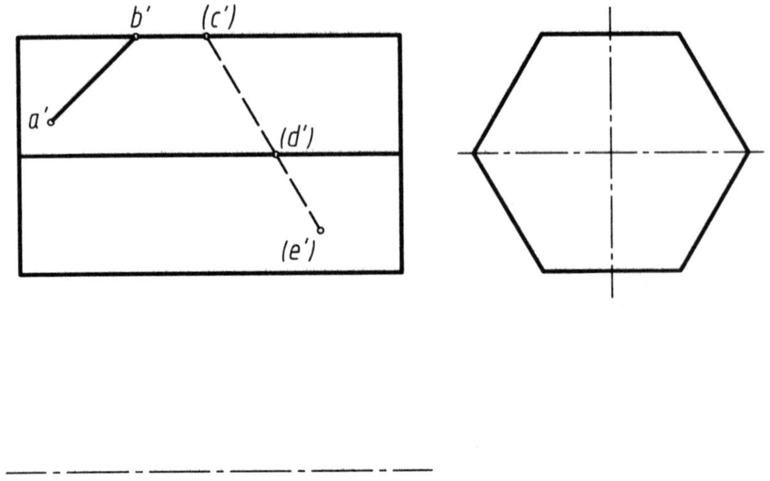

2. 作出T形棱柱的水平投影，并补画立体表面上的点 *A*、*B*、*C*、*D*、*E*、*F* 的其他投影。

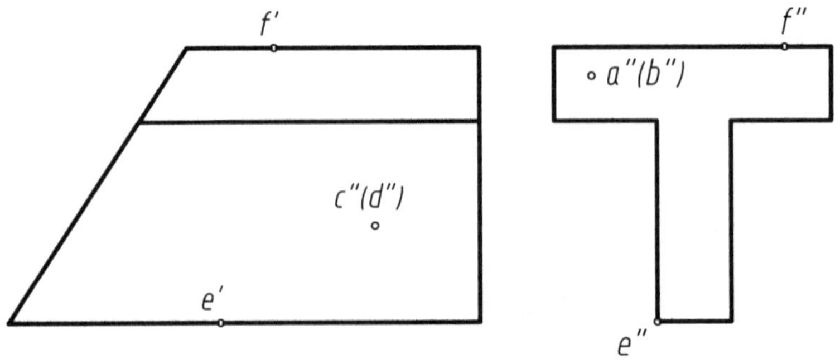

3. 作出三棱锥的侧面投影，并补画其表面上线段 *ABCD* 的另外两投影。

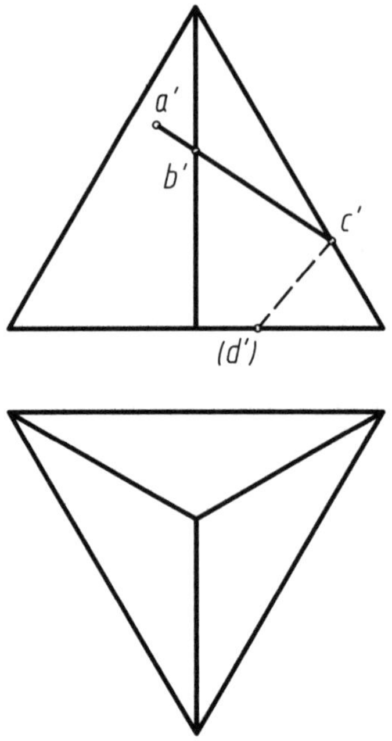

4. 作出四棱台正面投影，并补全其侧面投影及其表面上的点 *A*、*B*、*C*、*D*、*E*、*F*、*G* 的其余两投影。

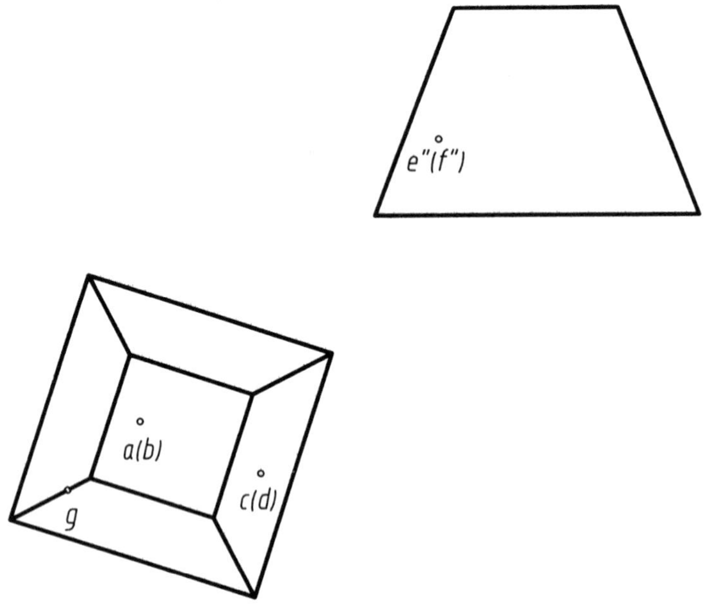

5. 作出正四棱锥的侧面投影，并补画出其表面上线段 *ABCDEFA* 的另外两投影。

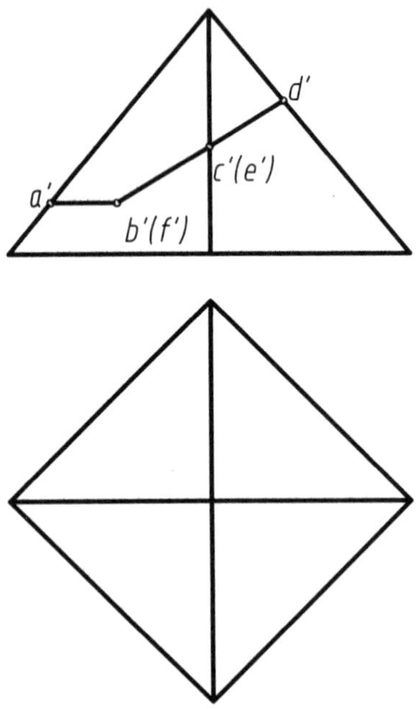

6. 作出斜三棱柱的侧面投影，并补全其表面上闭合线段 *ABCDEFA* 的另外两投影。

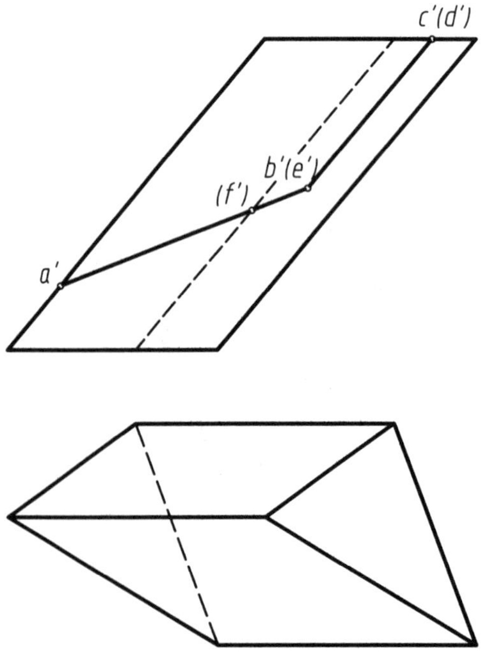

7. 作出圆柱体的水平投影，并补画其表面上闭合线段*ABCDEFGA*以及点*M*、*N*、*K*的另外两投影。

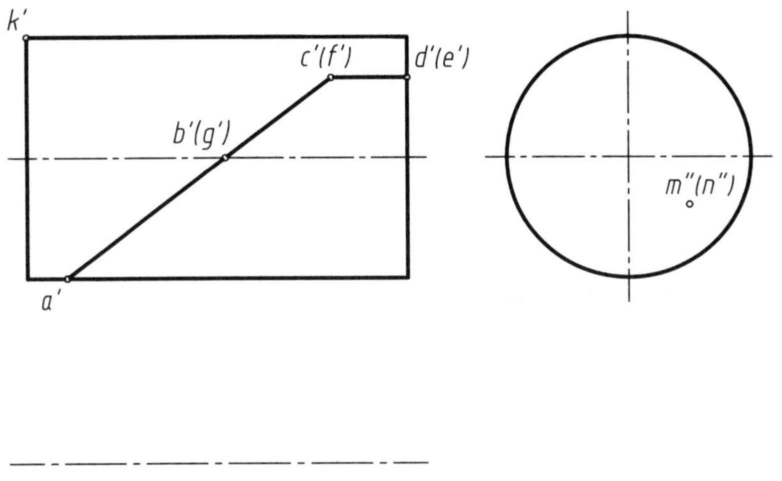

8. 作出圆锥的正面投影，并完成其表面上的线段*AB*、*CDE*和点*F*、*G*的另外两投影。

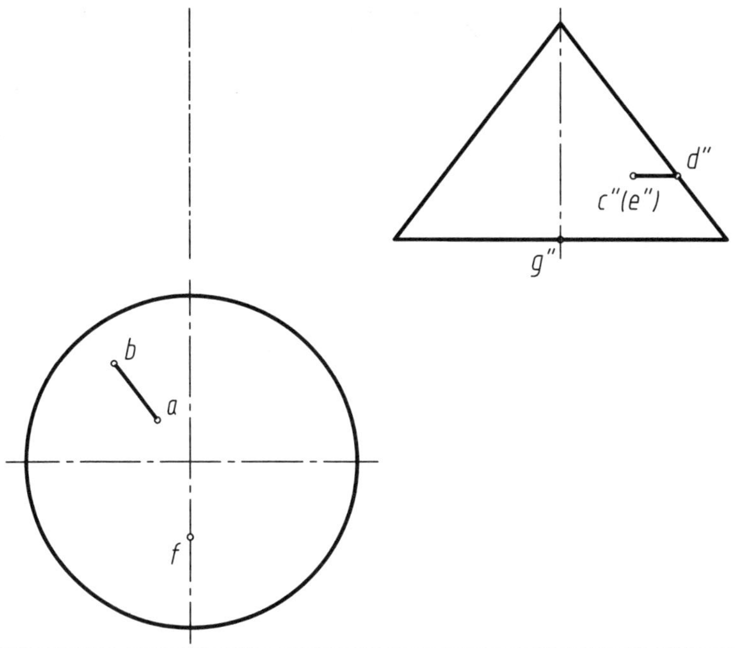

9. 作出圆锥的侧面投影，并完成其表面上线段*ABCDE*的另外两投影。

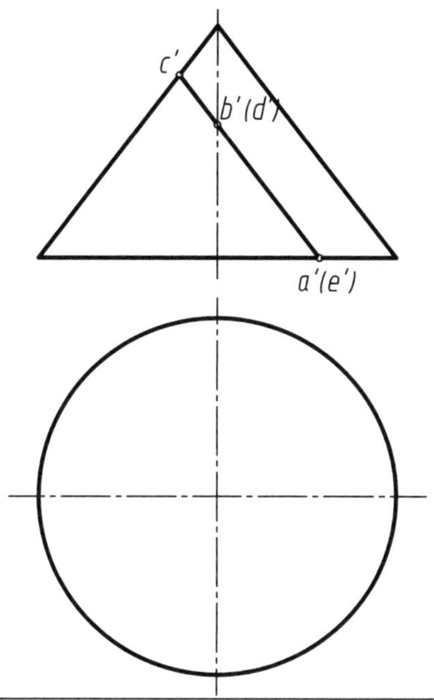

10. 作出圆球体的侧面投影，并补全其表面上的线段*ABC*和*AEFGC*的另外两投影。

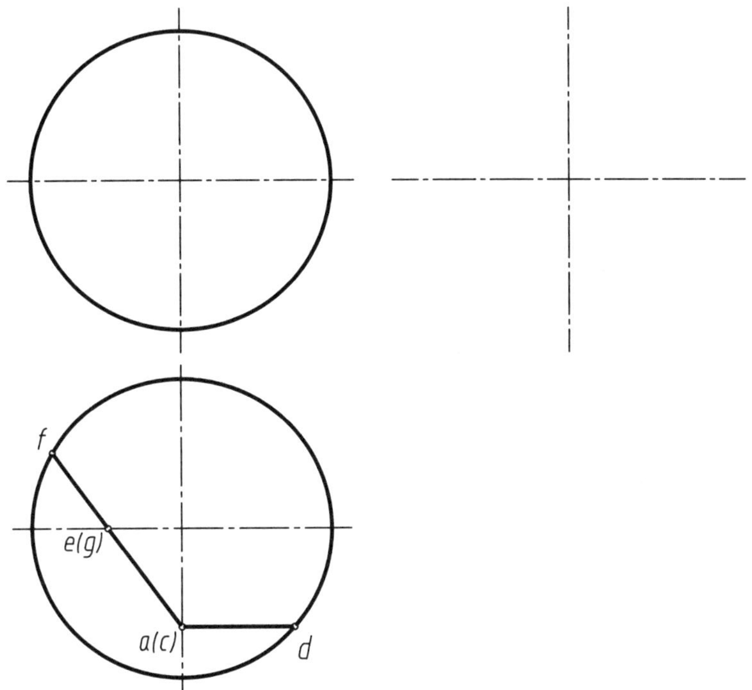

11. 作出圆环表面上闭合线段*ABCDEFA*的水平投影。

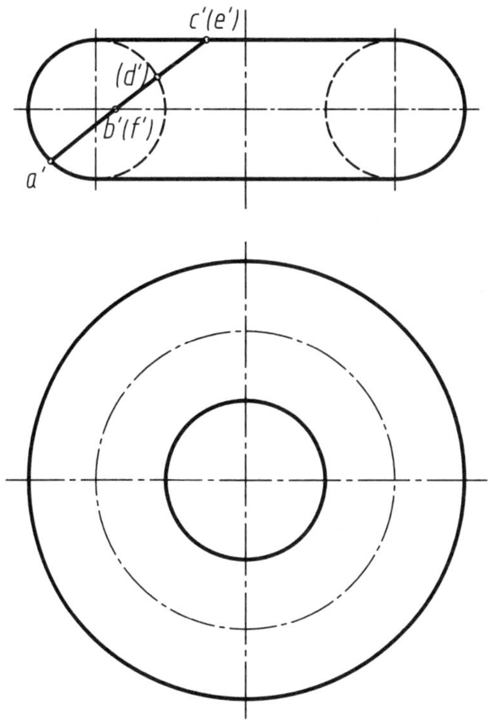

12. 作出组合回转体的侧面投影，并补全其表面上的闭合线段的其余两面投影。

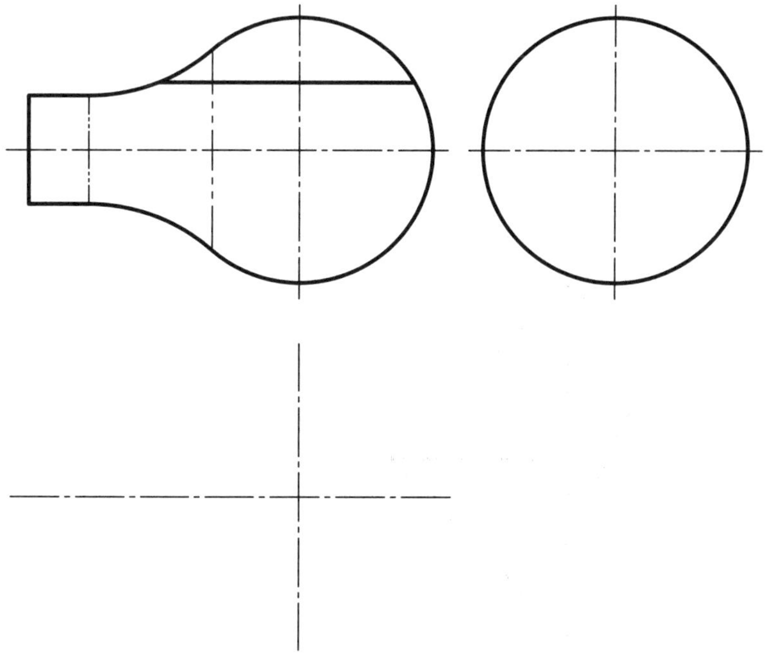

1. 求作五棱柱被正垂面截切后的水平投影和侧面投影。

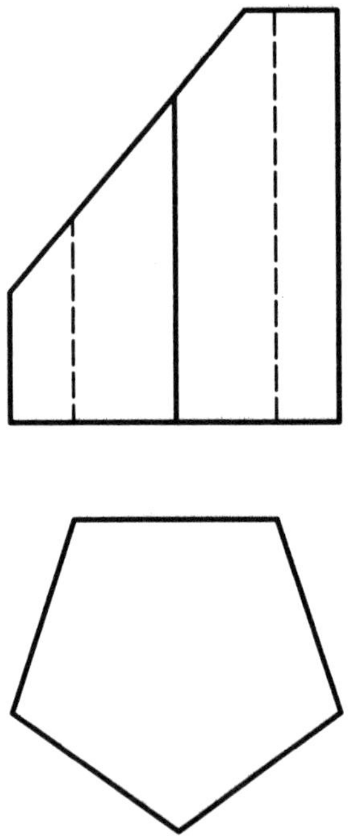

2. 求作正六棱柱被截切后的水平投影和侧面投影。

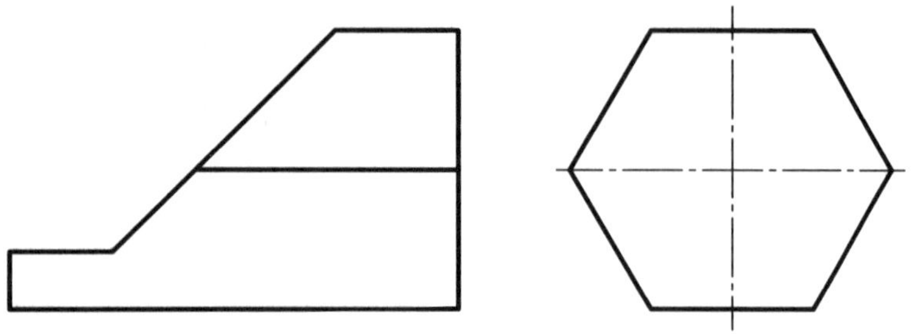

3. 求作直三棱柱被平面截切后的侧面投影。

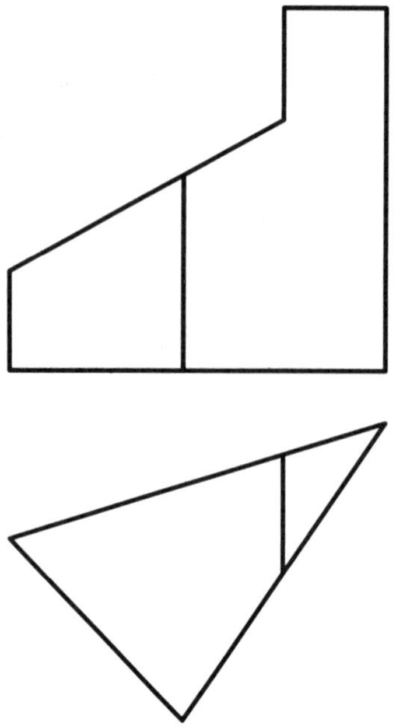

4. 求作正四棱锥被铅垂面截切后的正面投影和侧面投影。

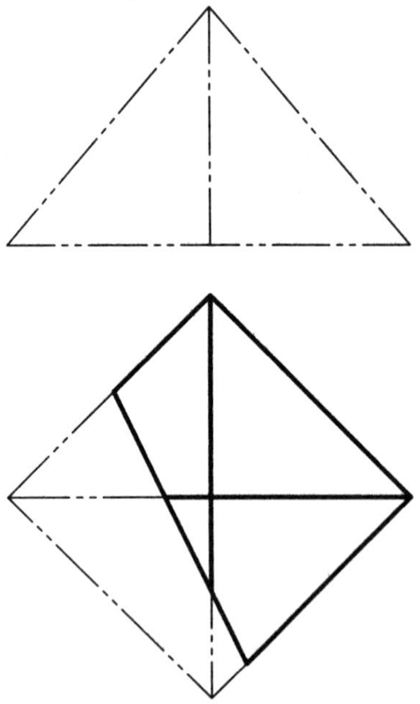

5. 求作正四棱锥被平面截切后的水平投影和侧面投影。

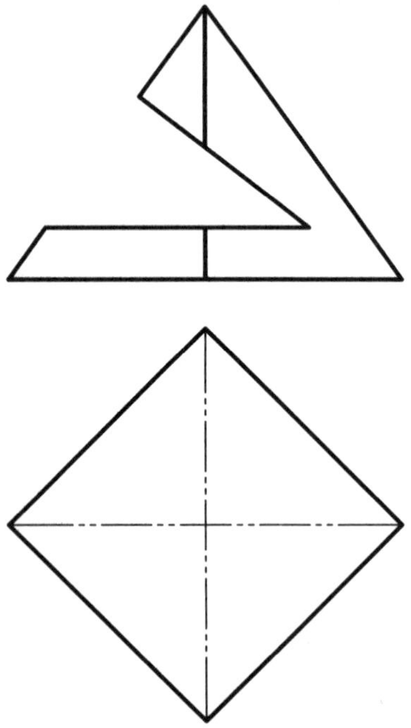

6. 求作三棱锥被平面截切后的水平投影和侧面投影。

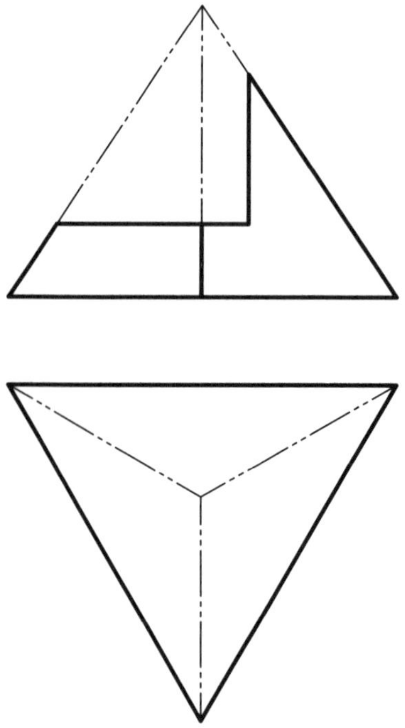

7. 求作开有梯形槽的四棱柱被截切后的正面投影。

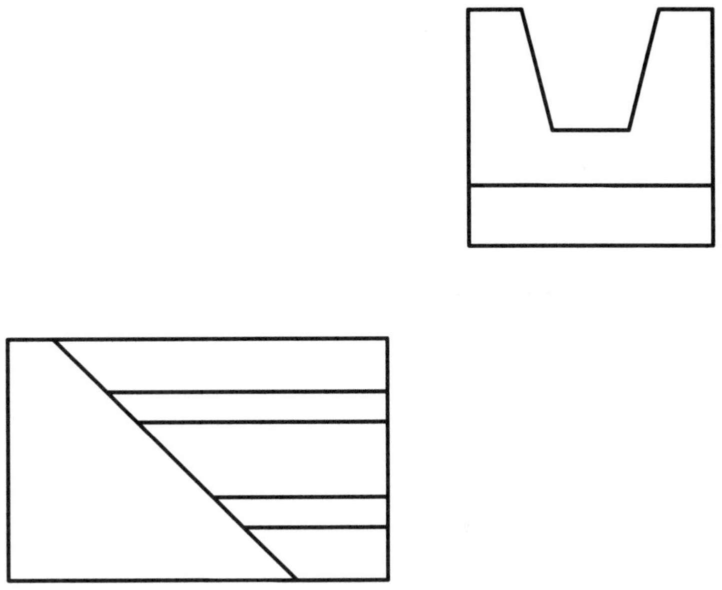

8. 求作棱柱体被正垂面截切后的水平投影。

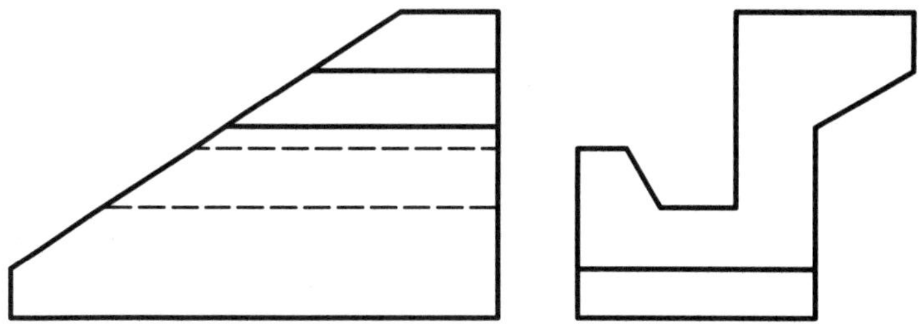

9. 求作穿四棱柱通孔的五棱柱被截切后的水平投影。

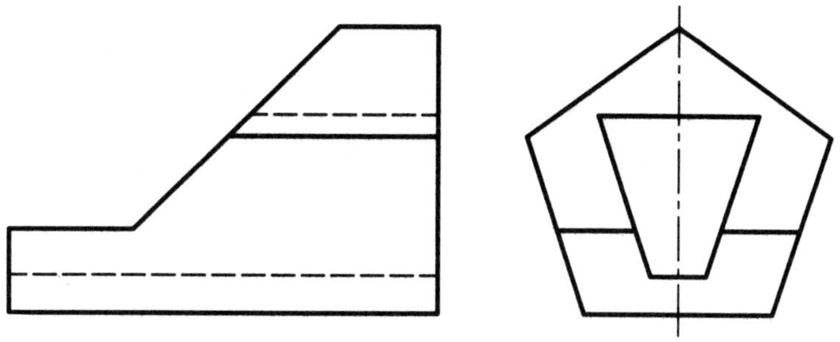

10. 求作正四棱锥穿三棱柱通孔后的水平投影和侧面投影。

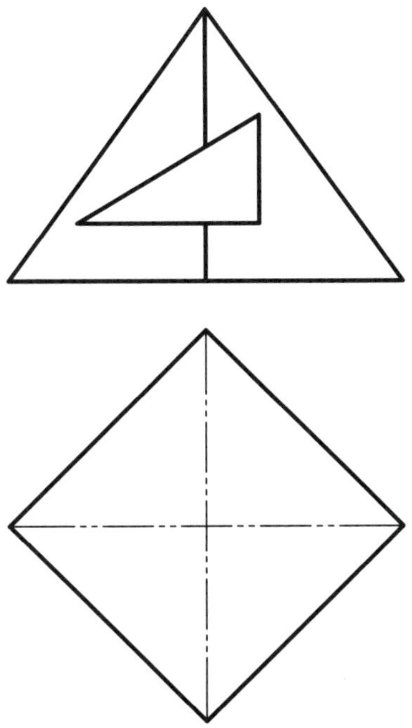

11. 求作穿孔六棱柱被平面截切后的侧面投影。

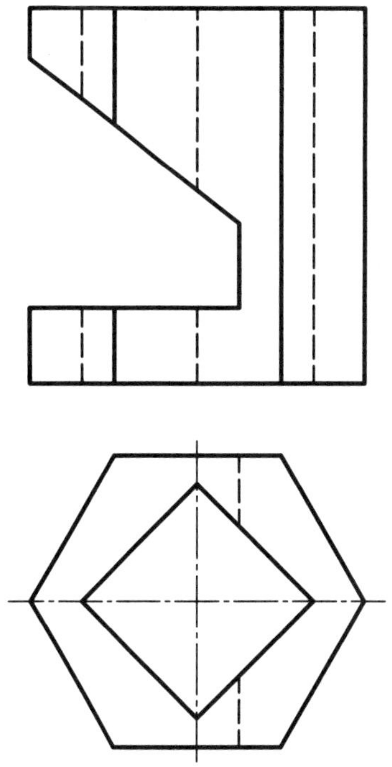

12. 求作穿孔五棱柱的水平投影和侧面投影。

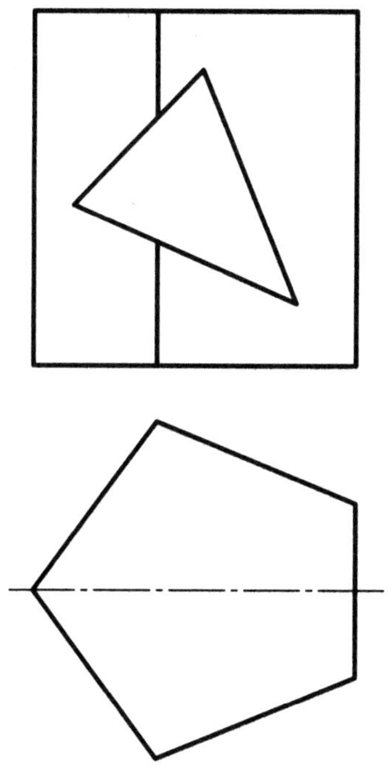

1. 求作圆柱体被截切后的水平投影和侧面投影。

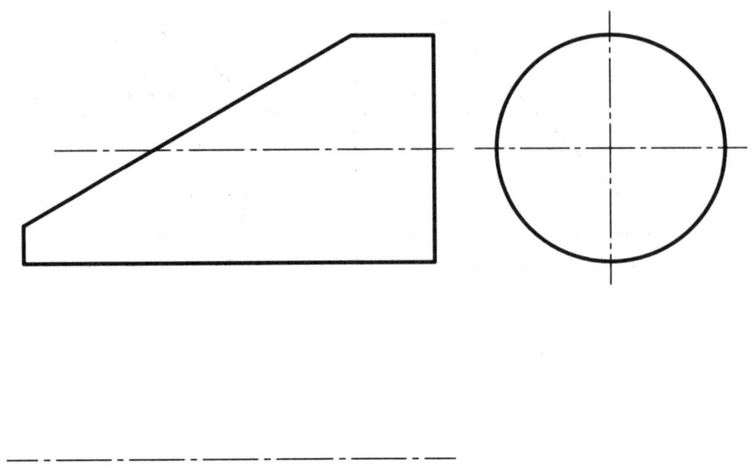

2. 求作圆柱体被截切后的正面投影和侧面投影。

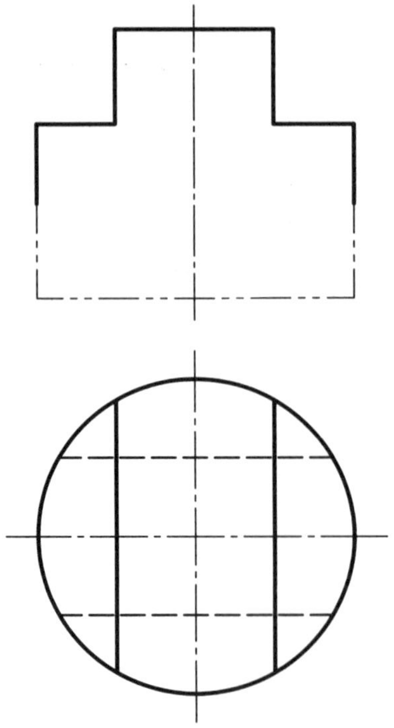

3. 求作圆柱体被平面截切后的侧面投影。

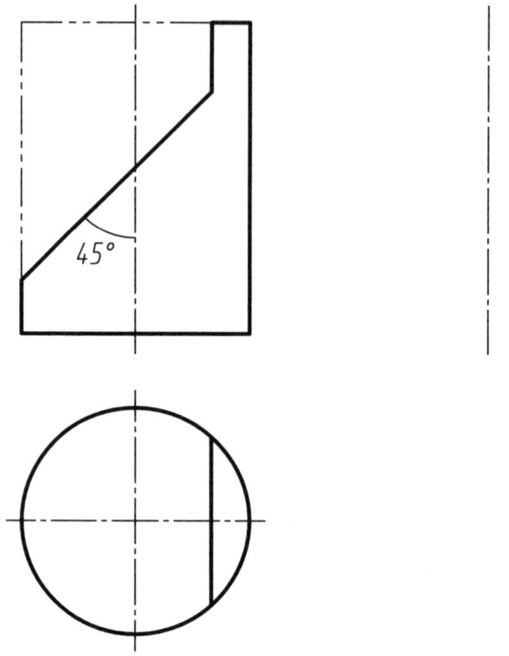

4. 求作圆锥被平面截切后的正面投影。

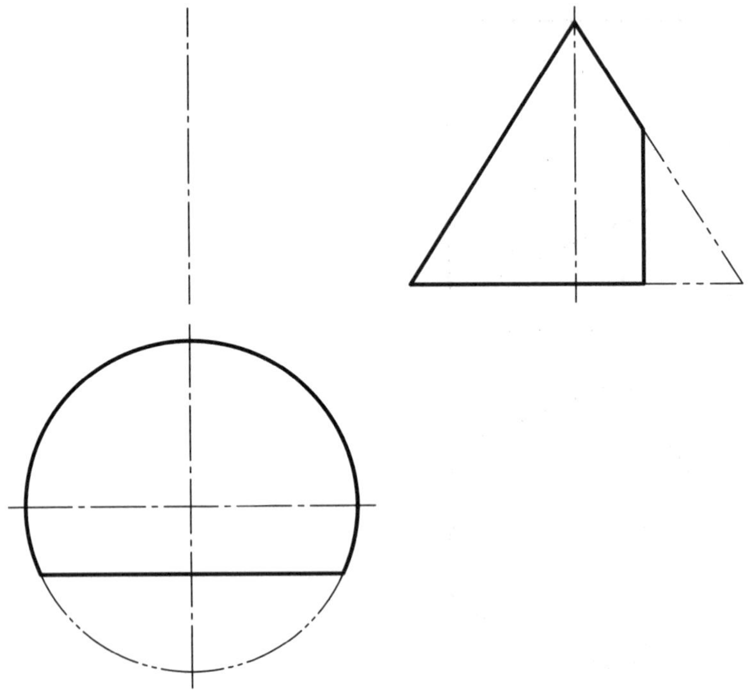

5. 求作圆锥被截切后的水平投影和侧面投影。

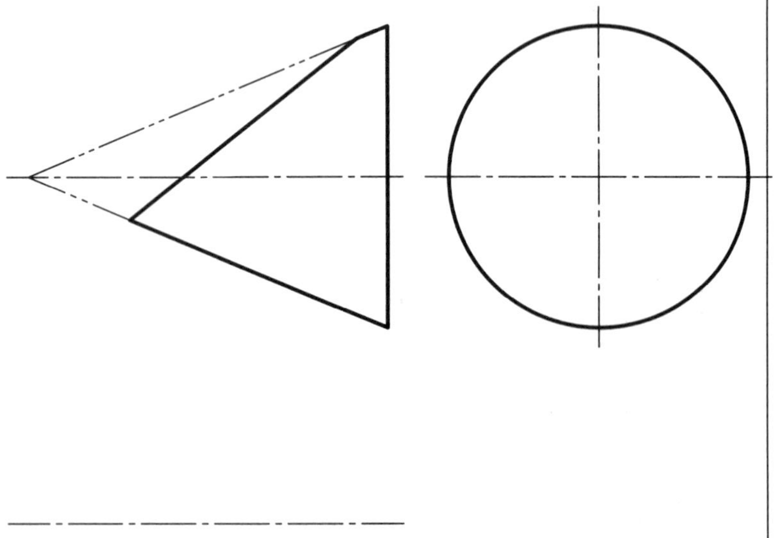

6. 求作圆锥被截切后的水平投影和侧面投影。

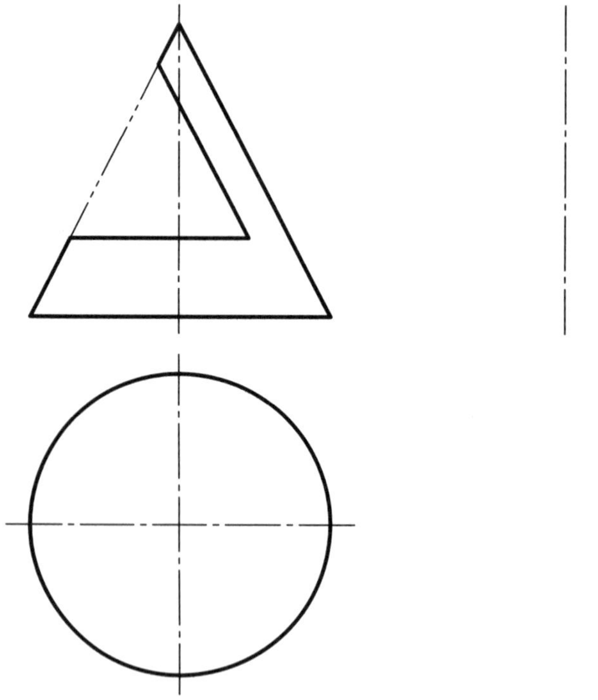

7. 求作圆锥穿三棱柱通孔后的水平投影和侧面投影。

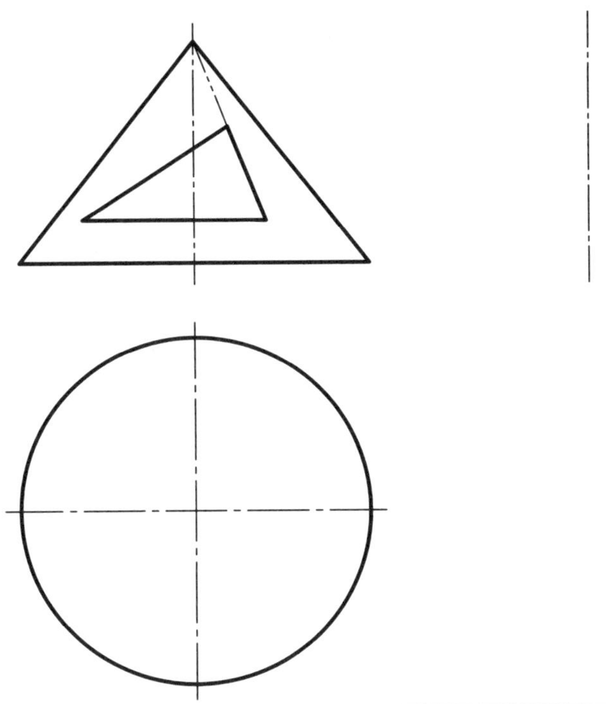

8. 求作半球被平面截切后的水平投影和侧面投影。

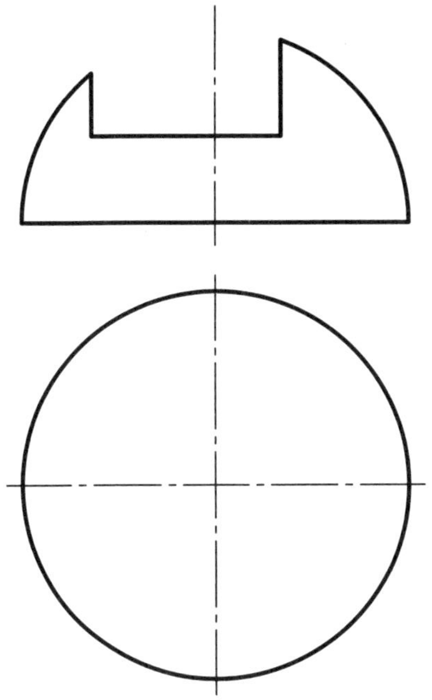

9. 求作圆球被平面截切后的水平投影和侧面投影。

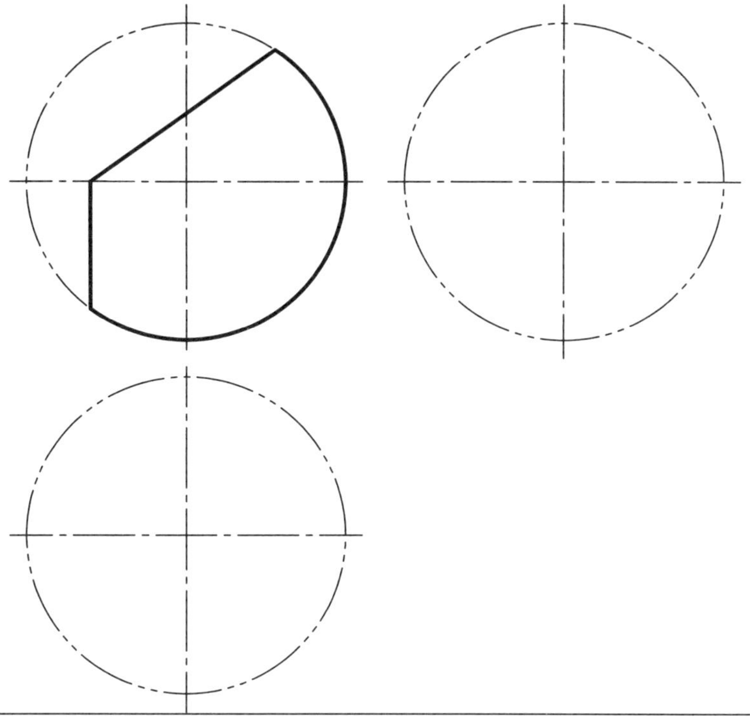

10. 求作1/4圆环被平面截切后的水平投影。

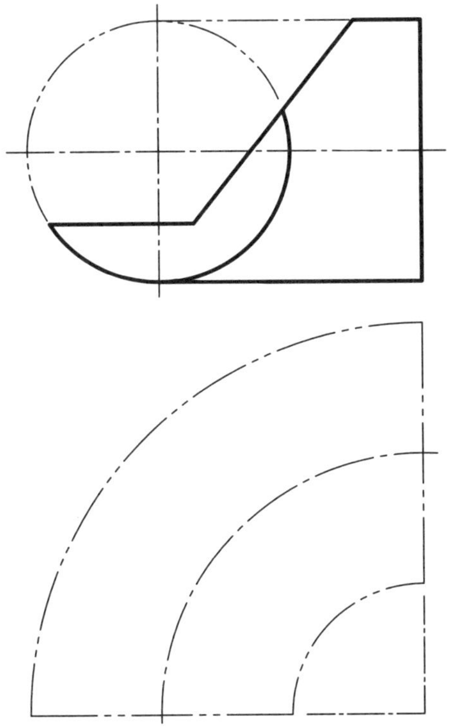

11. 求作穿三棱柱通孔的圆柱体被截切后的水平投影。

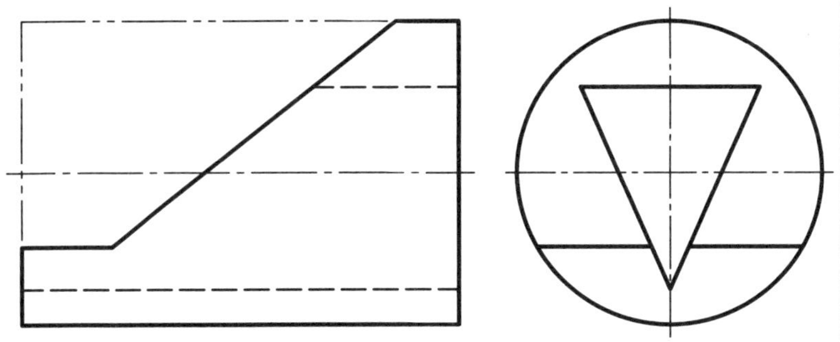

12. 求作组合回转体被截切后的水平投影。

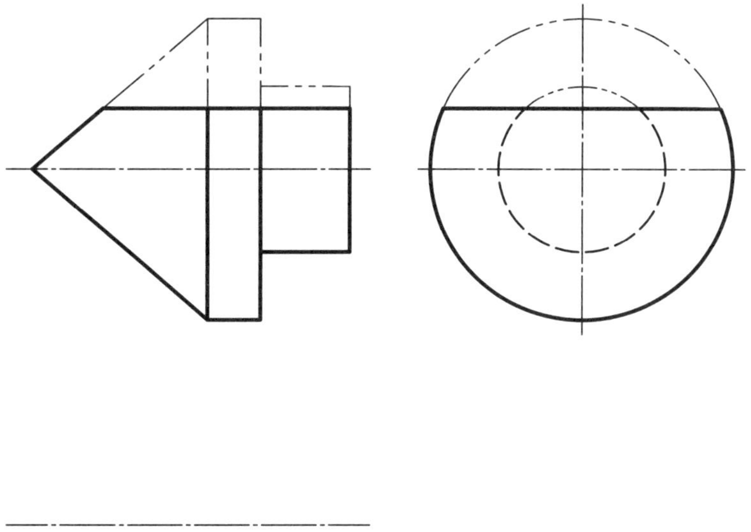

1. 求作两三棱柱贯通孔后的相贯线。

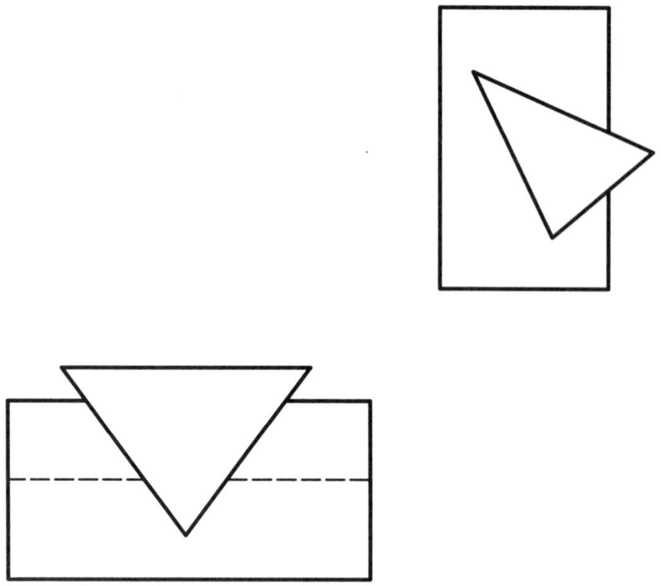

2. 求作五棱柱与四棱柱的相贯线，并作侧面投影。

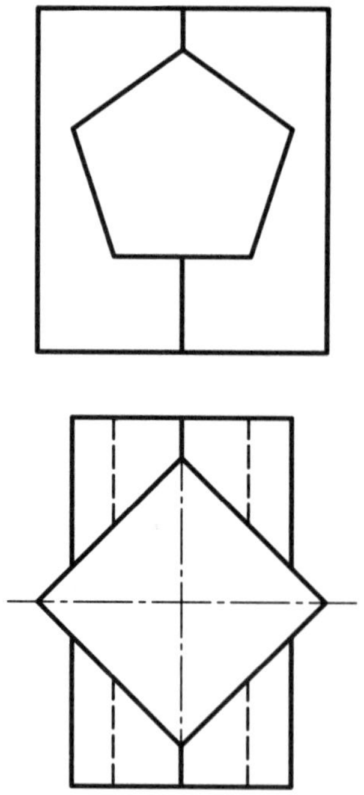

3. 求作四棱柱穿三棱柱孔后的正面投影。

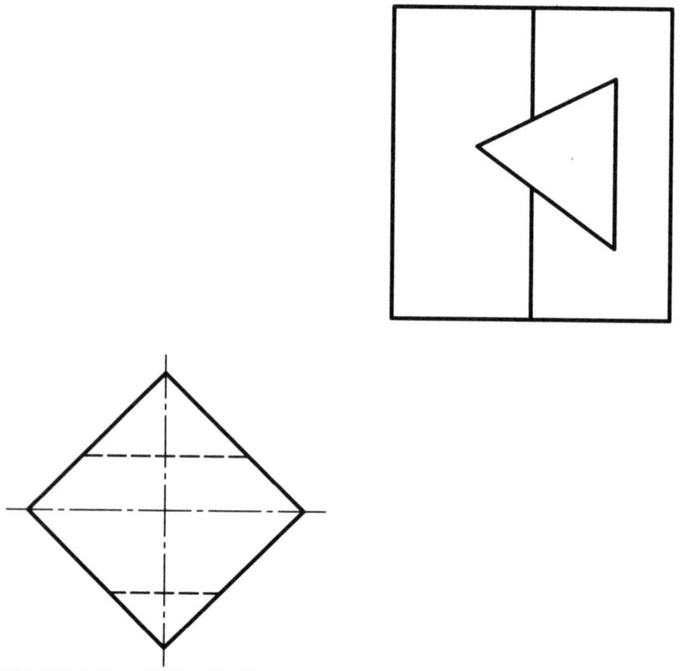

4. 求作三棱锥与三棱柱的相贯线。

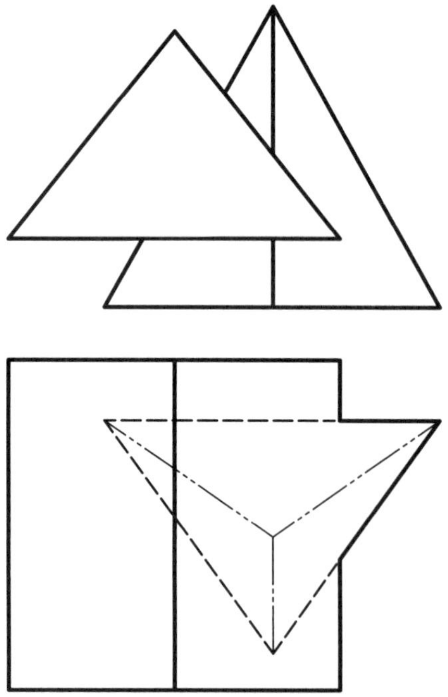

5. 补全房屋模型的正面投影和水平投影。

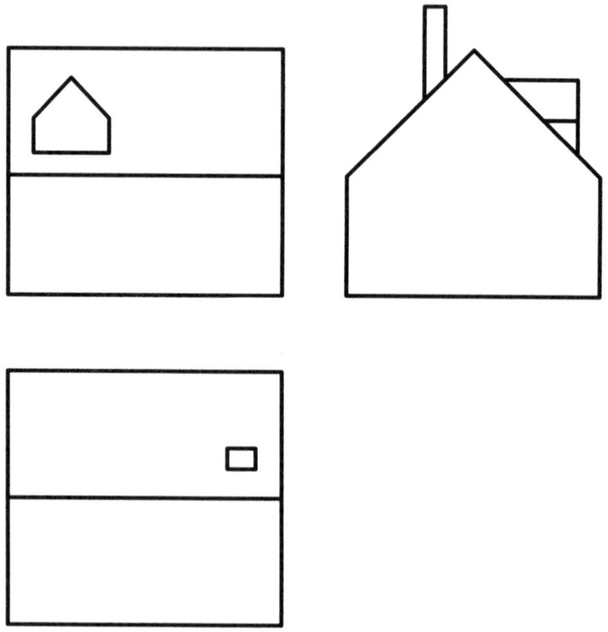

6. 求作房屋表面交线。

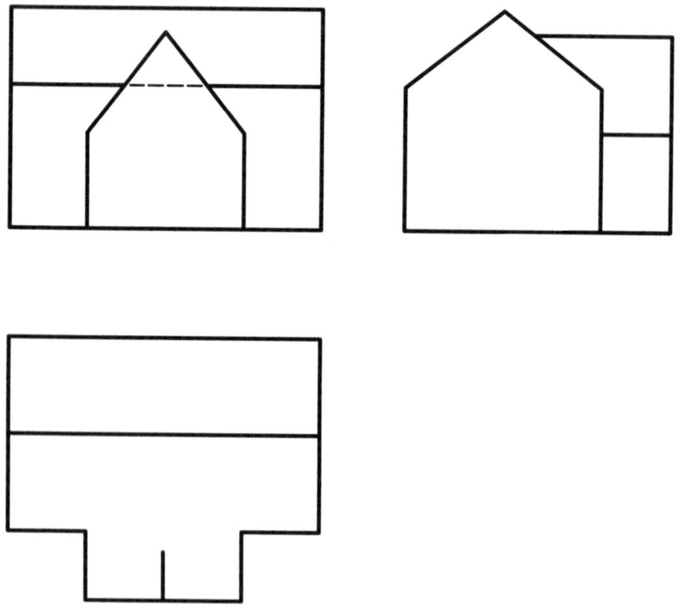

1. 求作四棱柱与圆锥的相贯线。

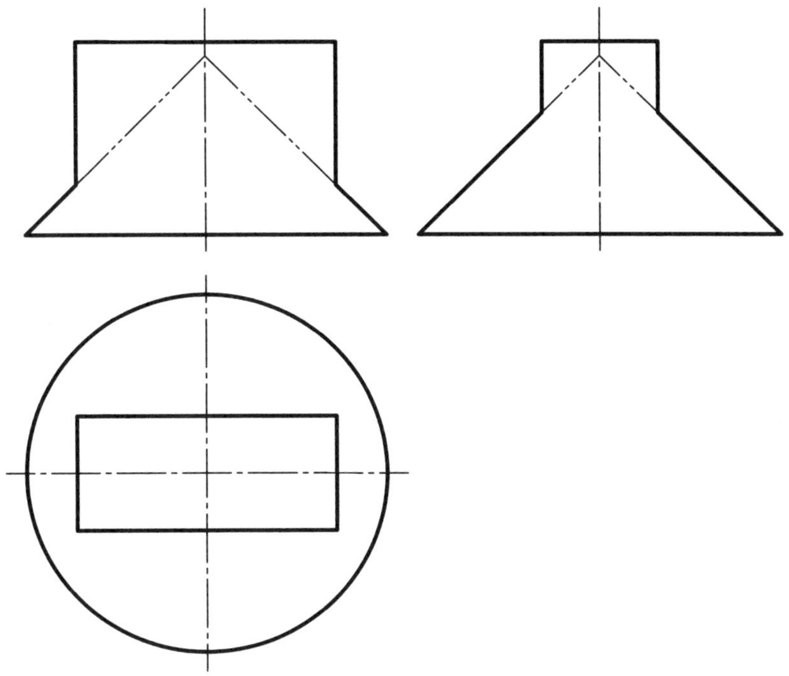

2. 求作三棱柱与半圆柱的相贯线的正面投影。

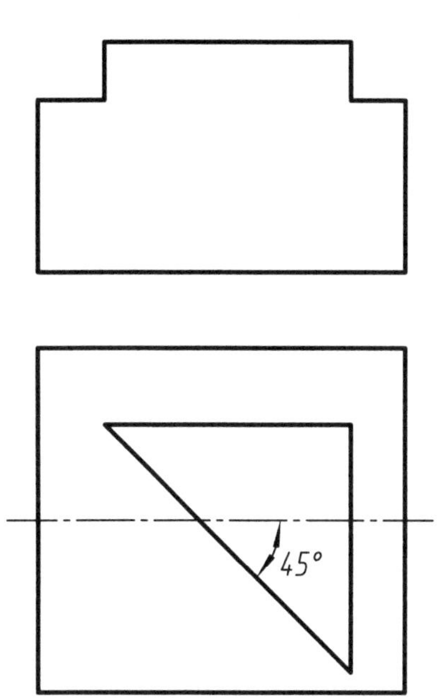

3.求作圆锥体与三棱柱相贯后的水平投影和侧面投影。

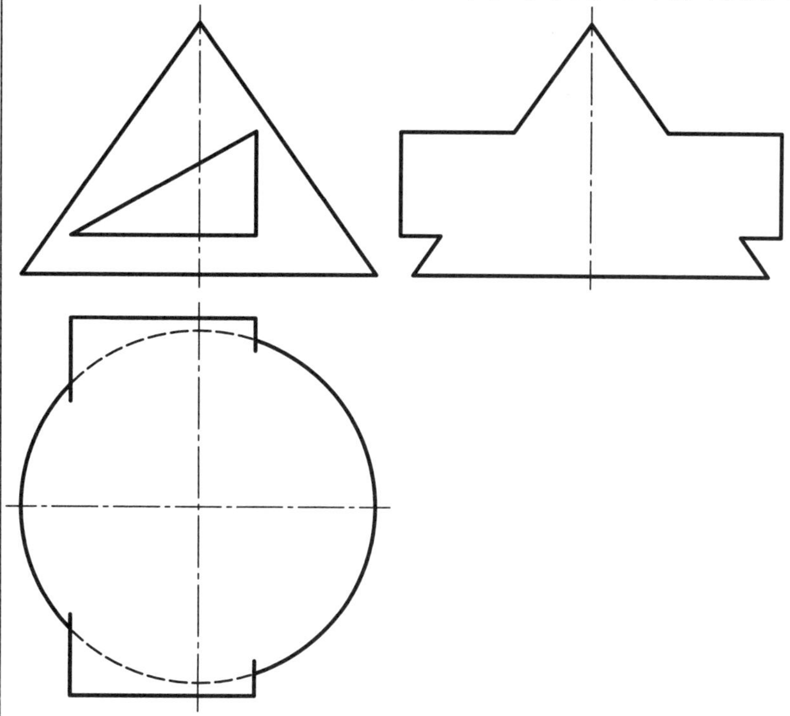

4. 求作1/2空心圆柱与空心长方体相贯后的正面投影。

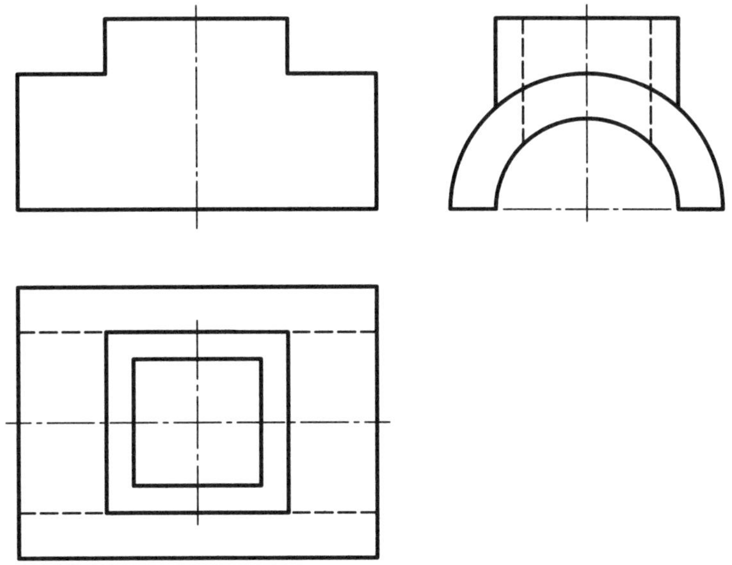

5. 求作圆台与四棱柱相贯后的水平投影。

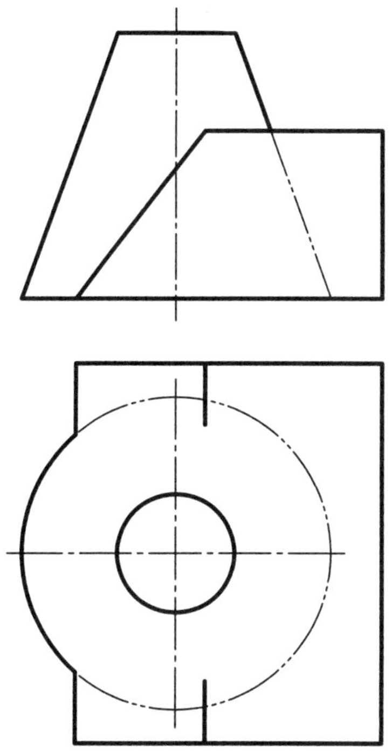

6. 求作半球体与四棱柱相贯后的正面投影和侧面投影。

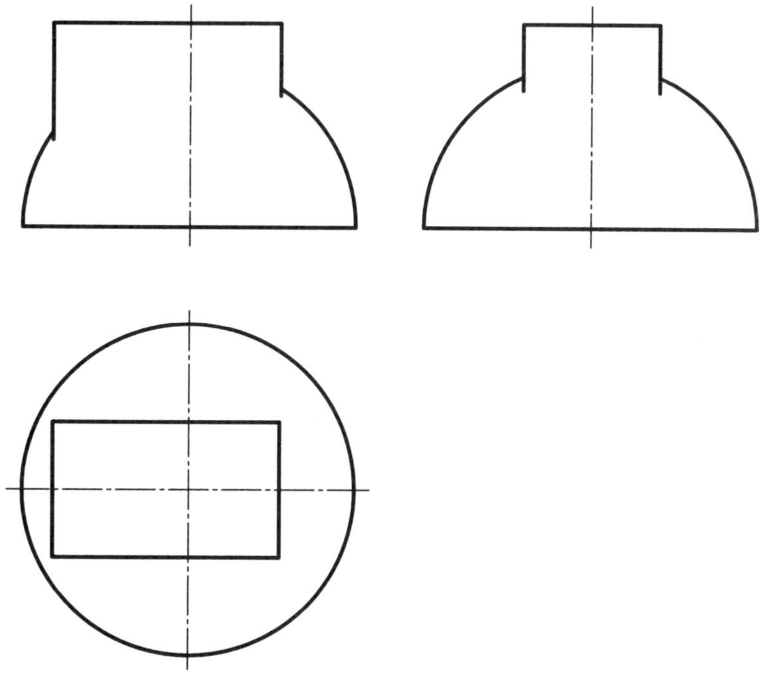

1. 求作两圆柱相贯后的正面投影。

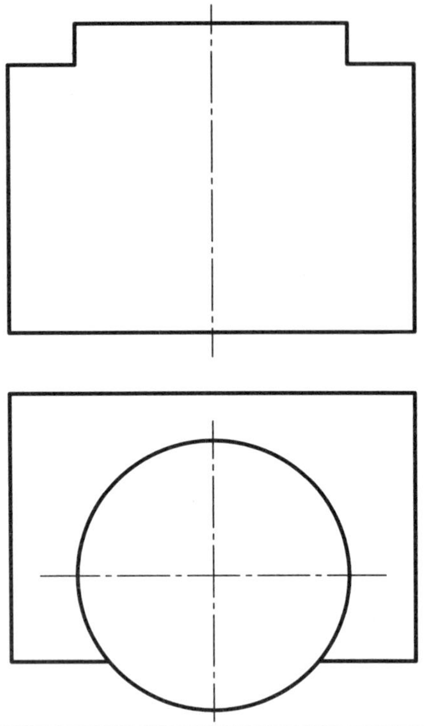

2. 求作半空心圆柱穿圆柱通孔后的正面投影。

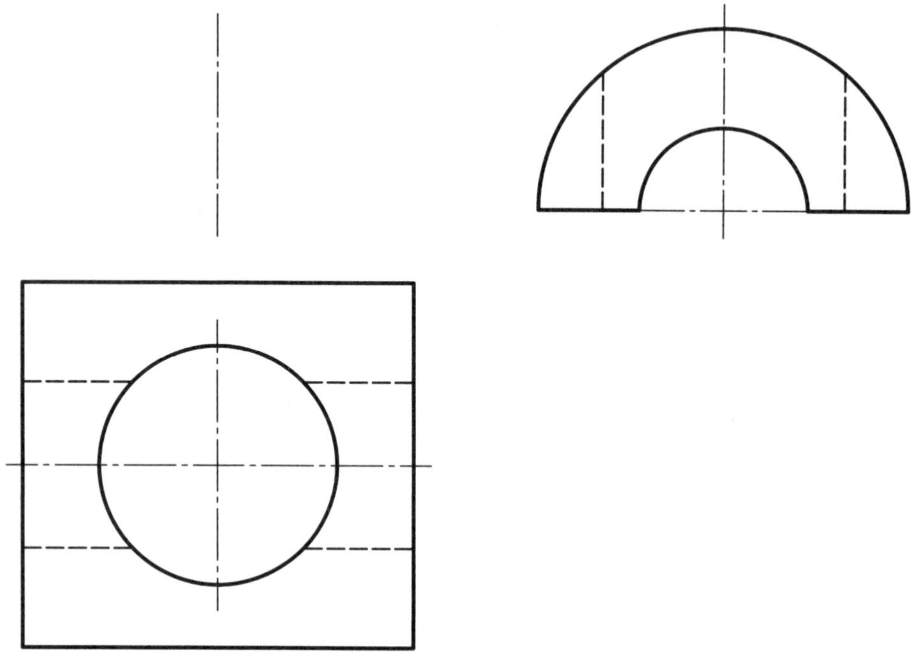

3. 求同轴异径圆柱穿圆柱通孔后的正面投影。

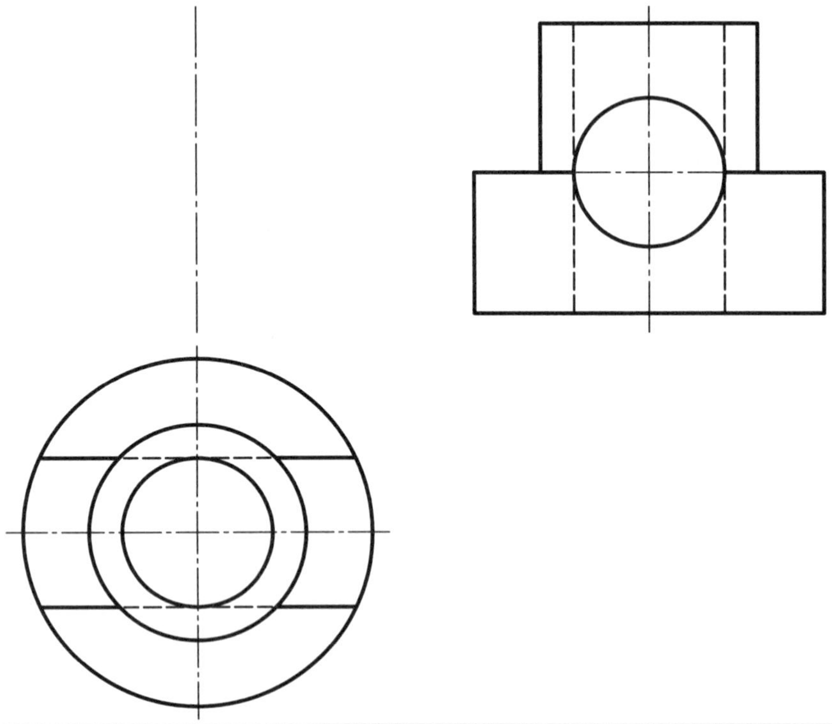

4. 求作组合体表面的交线。

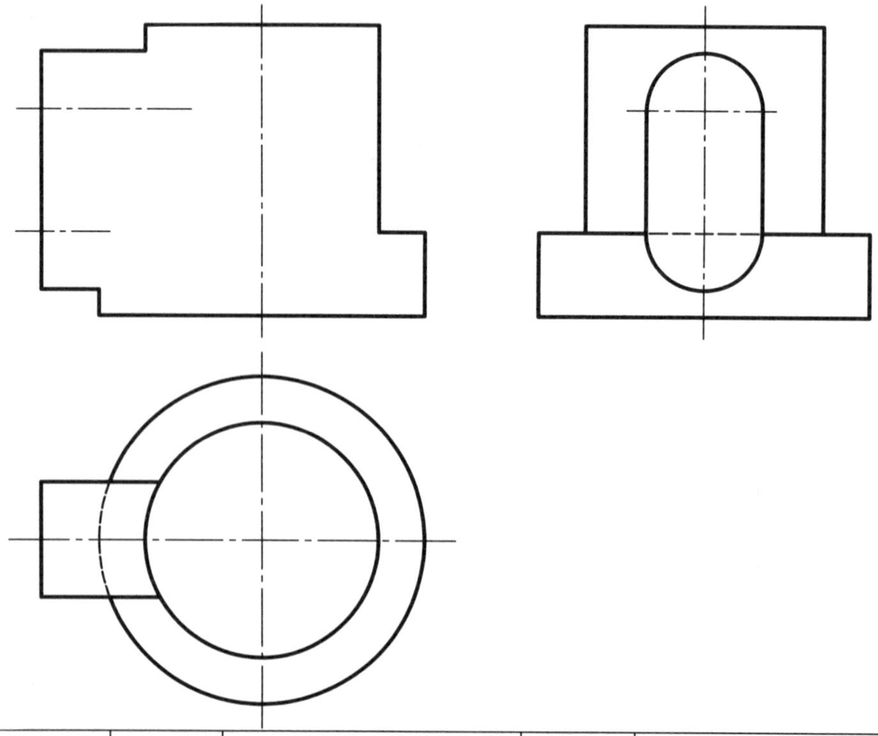

5. 求作圆柱与圆台相贯的投影。

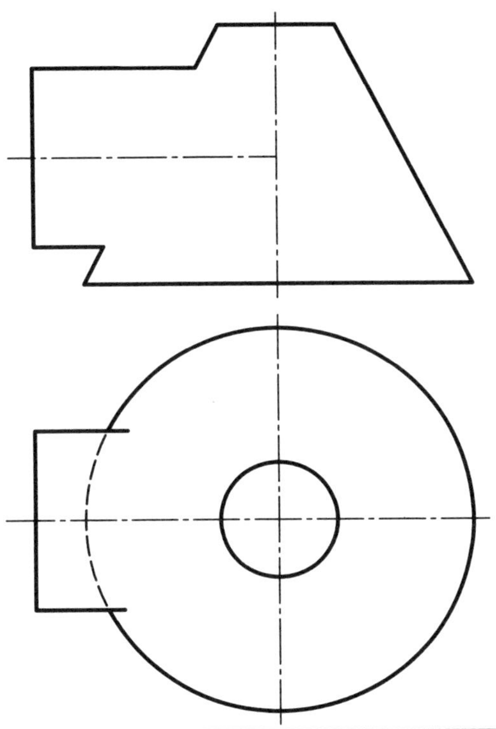

6. 求作1/4圆环体与圆柱相贯后的正面投影和侧面投影。

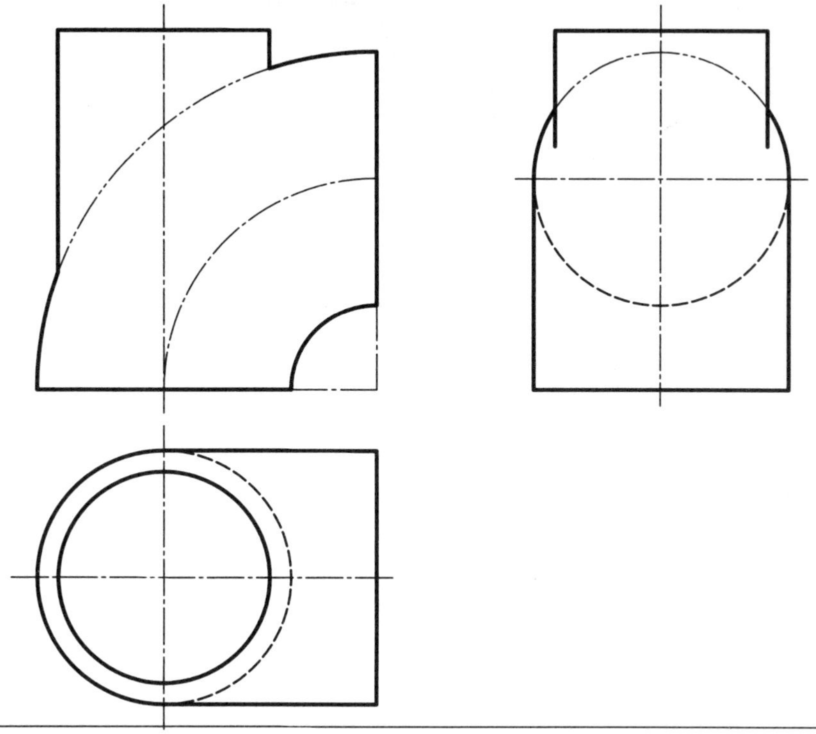

7. 求作半球挖圆柱孔后的投影。

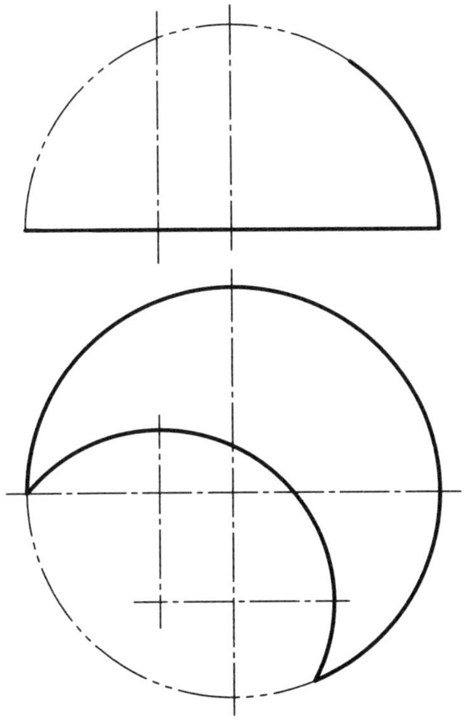

8. 求作圆球截切体与圆柱相贯后的投影。

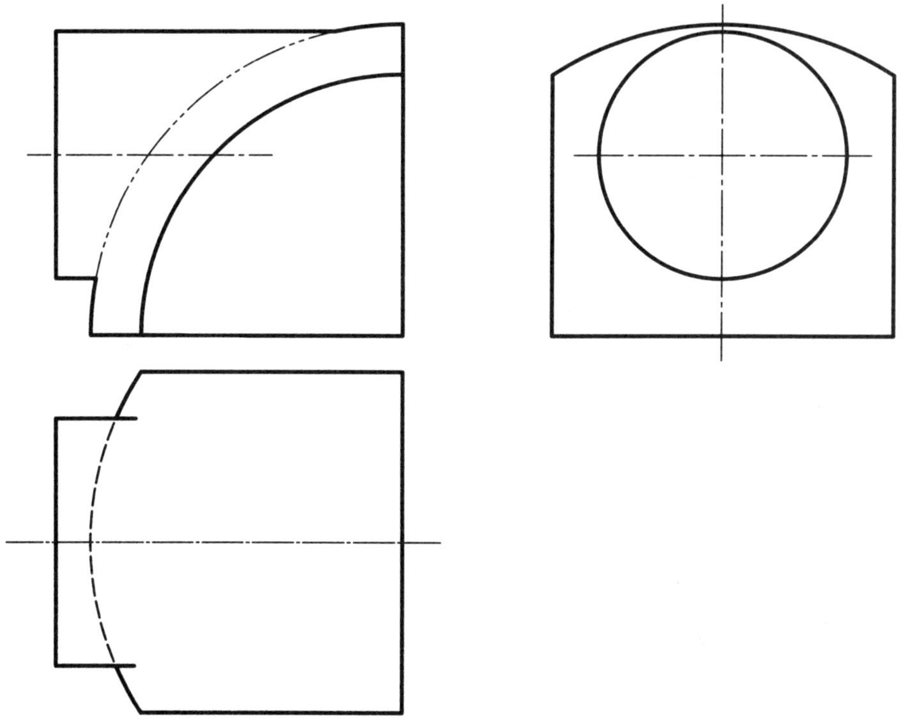

9. 求半圆柱与圆台相贯后的表面交线。

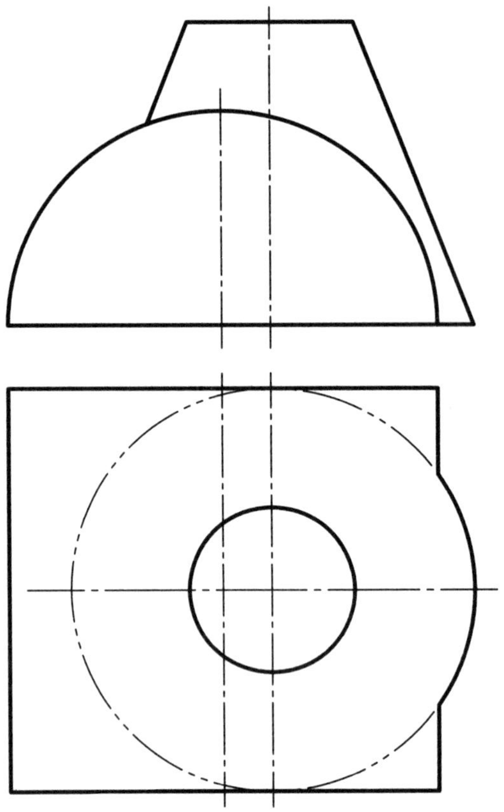

10. 求作圆球穿孔后的投影。

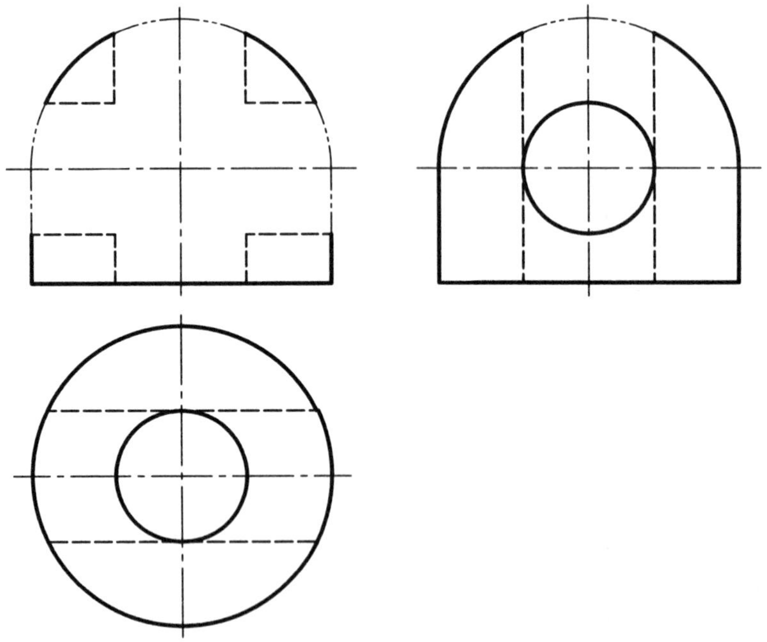

11. 求作半球、圆柱和圆锥三立体相交的相贯线。

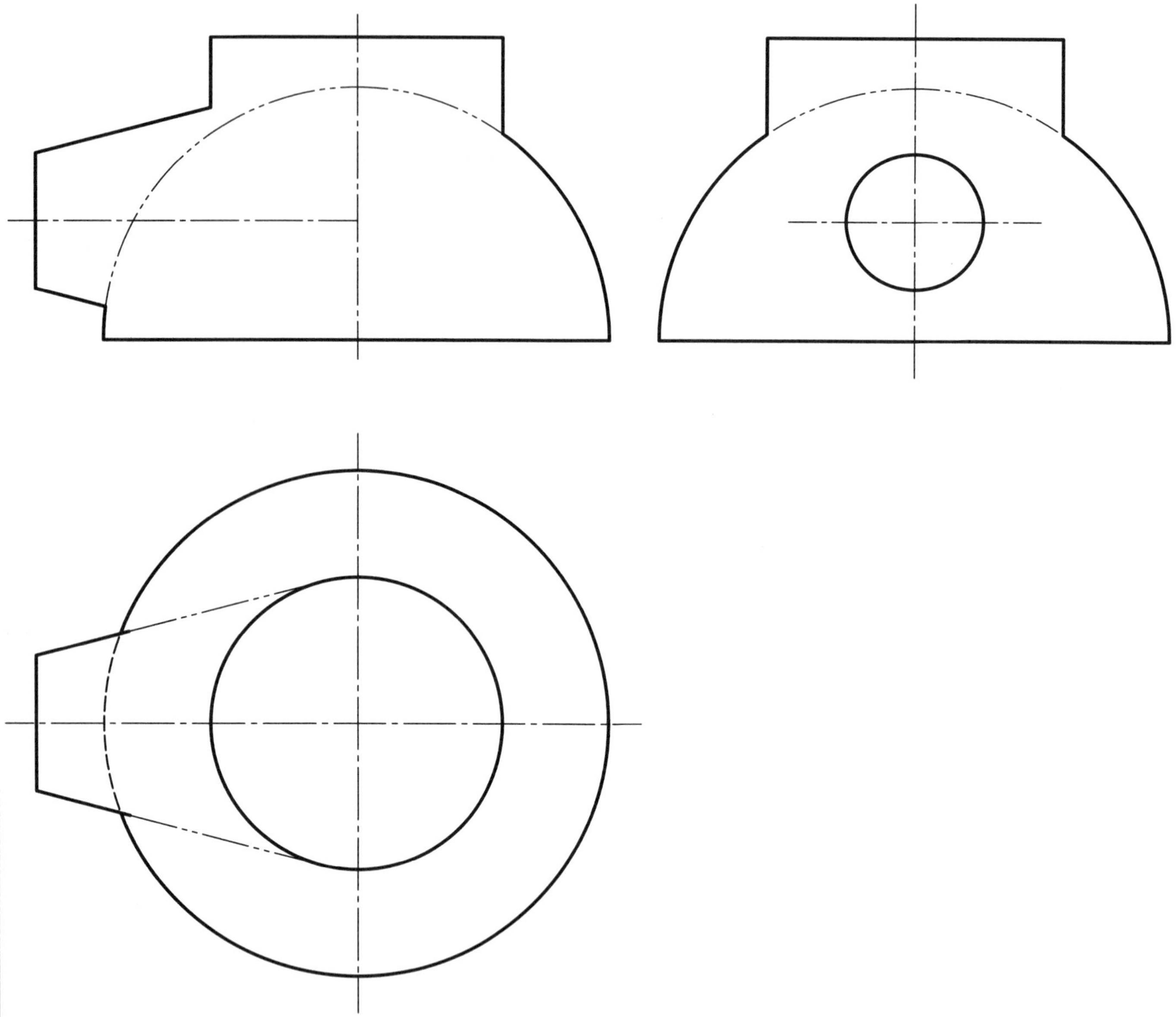

1. 已知由上、下两个不同长度的长圆形顶面和底面，以及两端为左右对称的半个斜圆柱面和前后分别与它们相切的正平面梯形所围成的桥墩的两面投影，求作桥墩的侧面投影。

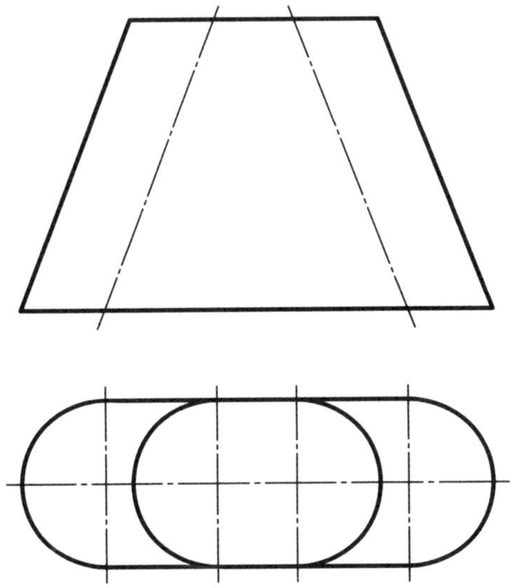

2. 设柱状面导线为平行于正立面V的半圆ABC和曲线DEF，导平面为水平面H，求作这个柱状面的三面投影。

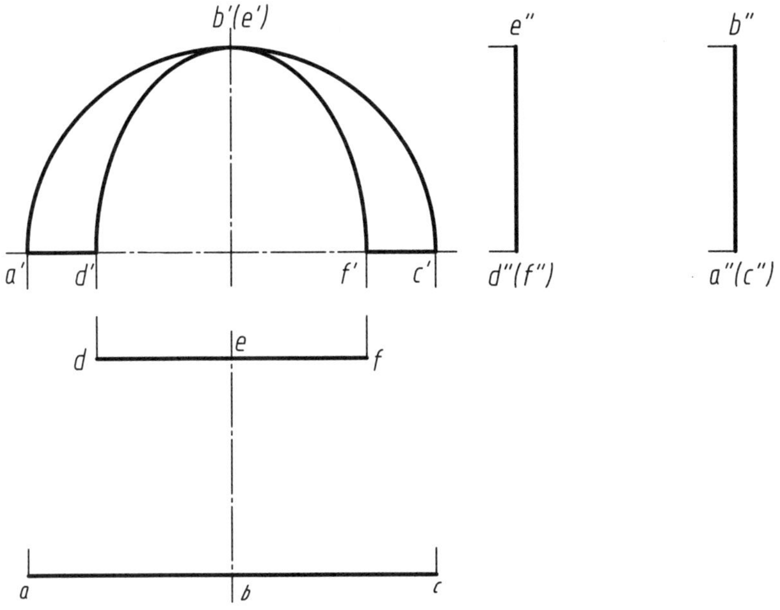

5. 求作螺旋楼梯的正面投影（只需画出地坪线以上的可见投影，不画不可见投影，栏杆和扶手的可见投影画单线的中实线）。

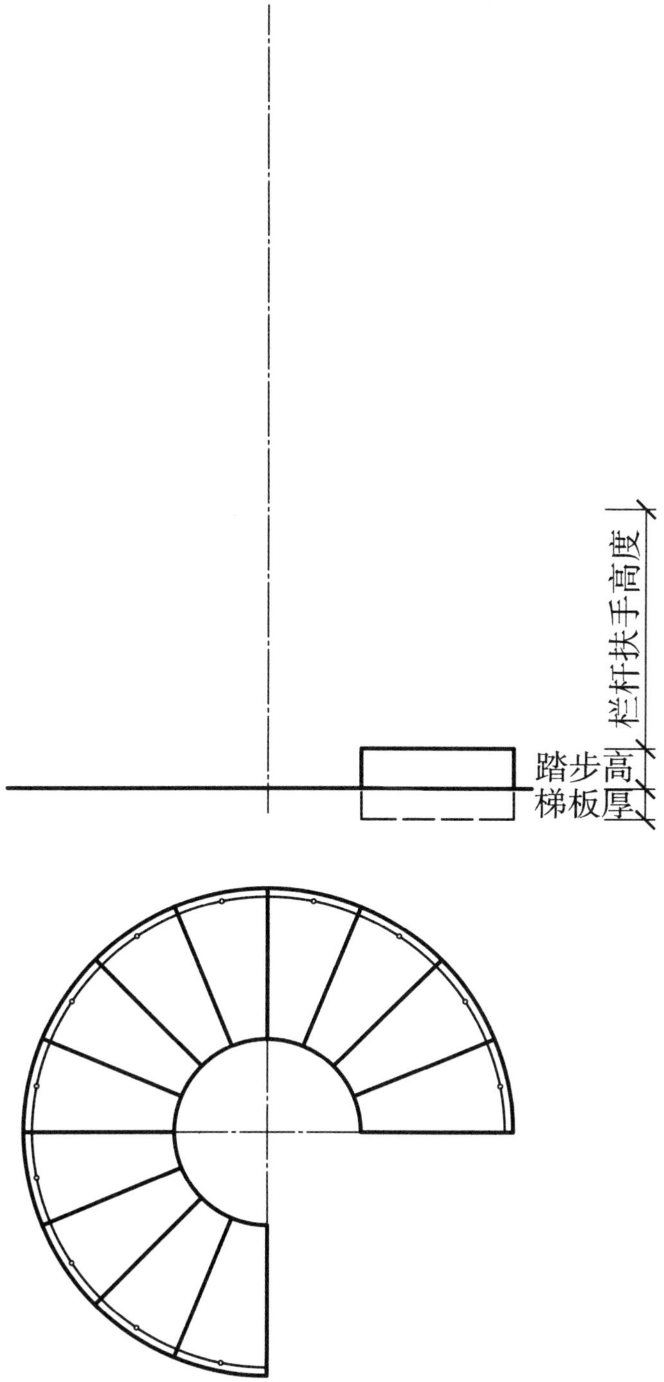

3. 已知双曲抛物面的导线AB、CD和铅垂的导平面P，求作双曲抛物面的两面投影。

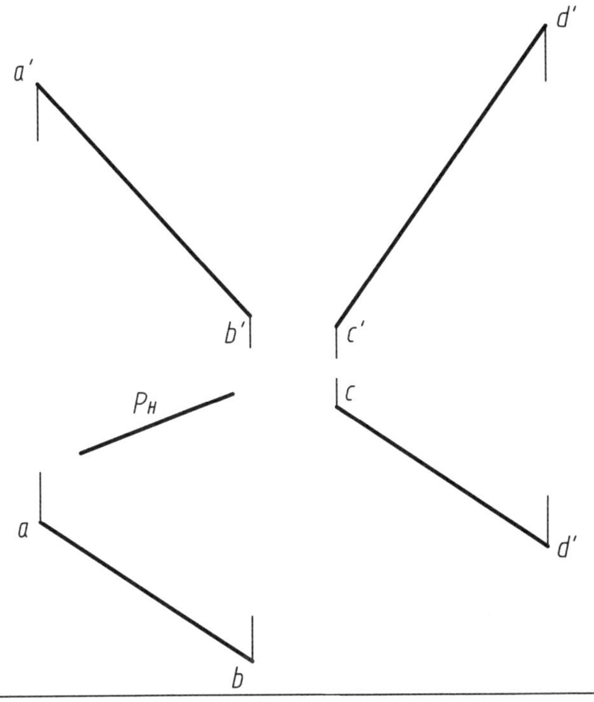

4. 楼梯扶手弯头的上面和下面是形状相同的右旋平螺旋面，断面为矩形，内、外壁分别是同轴的小圆柱面和大圆柱面，导程为断面高度的12倍，试补全弯头的正面投影。

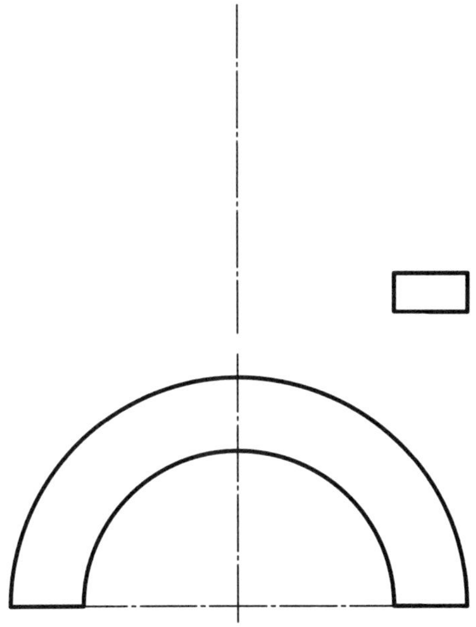

1. 根据视图作正等测图。

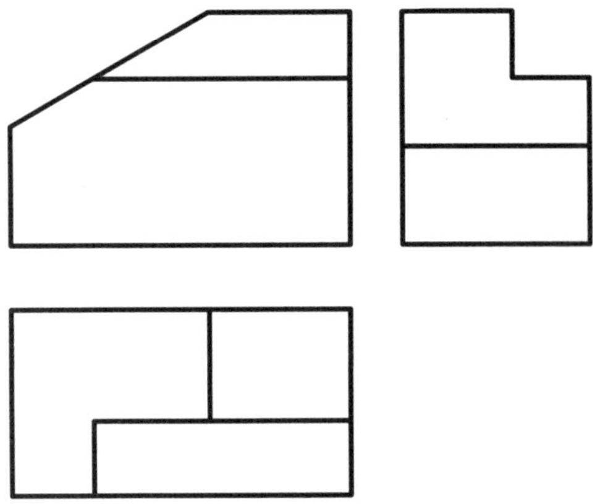

2. 求作房屋模型的正等测图。

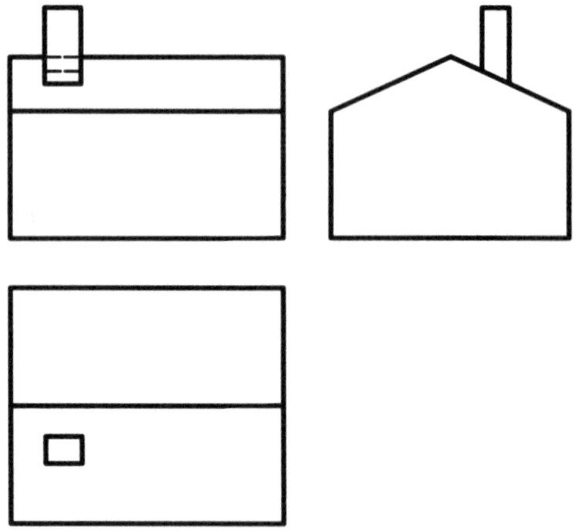

3. 求作房屋轮廓模型的正等测图。

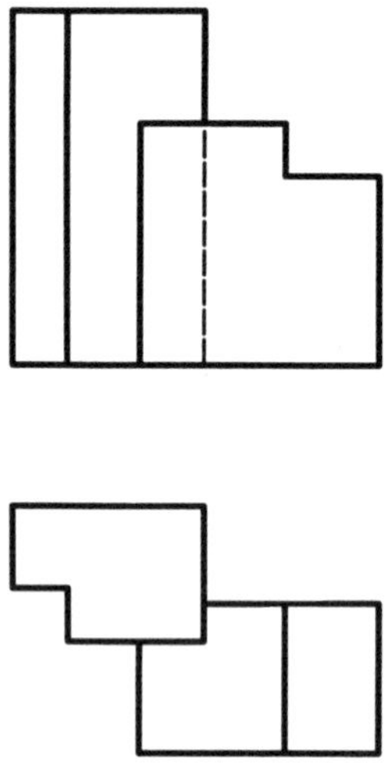

4. 求作台阶的正等测图。

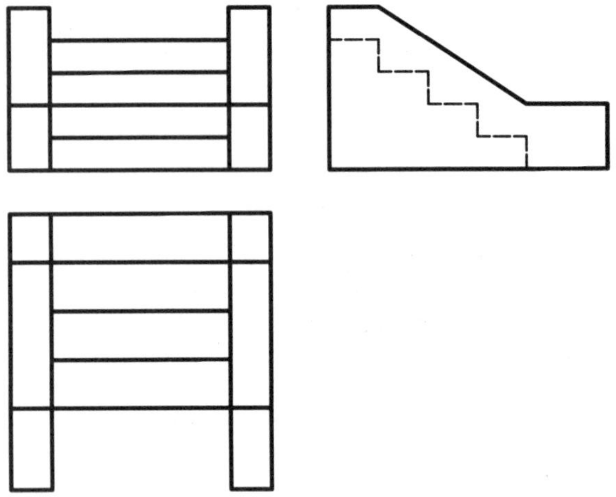

5. 求作梁板结构模型的仰视正等测图。

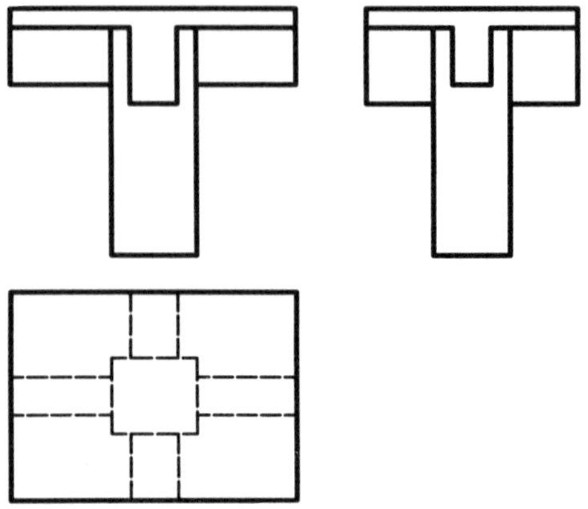

6. 求作组合体的正等测图。

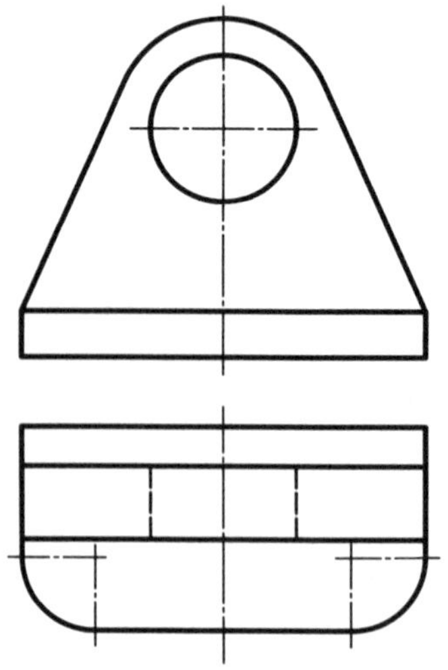

7. 根据视图作斜等测图。

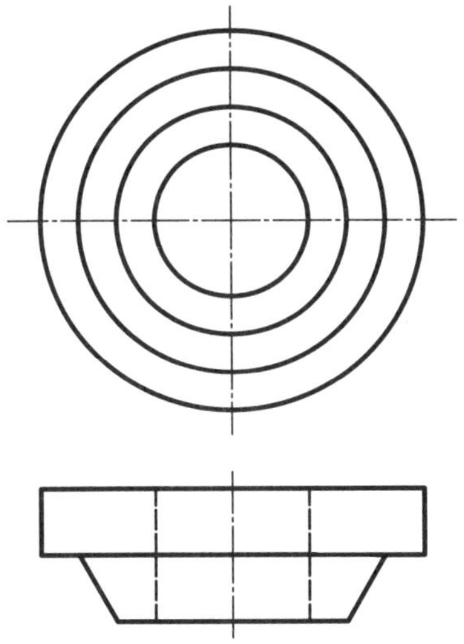

8. 求作楼梯模型的斜等测图。

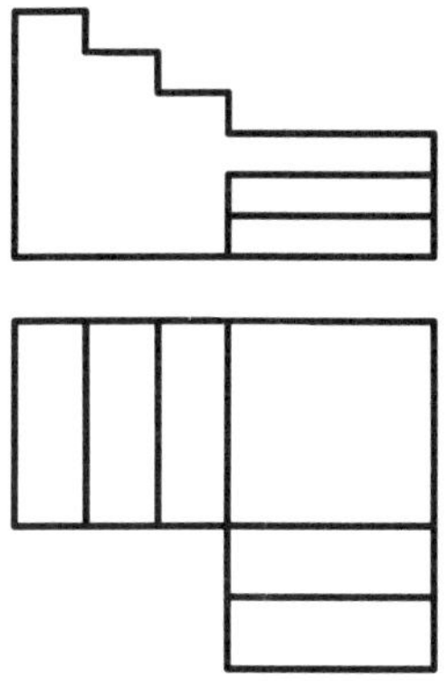

9. 求作梁板结构模型的仰视斜等测图。

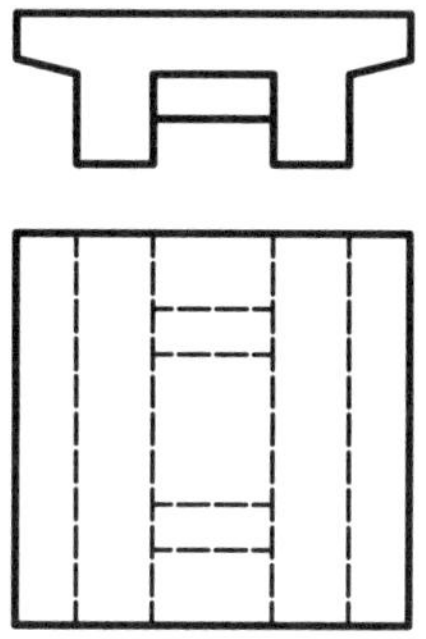

10. 根据视图作斜二测图。

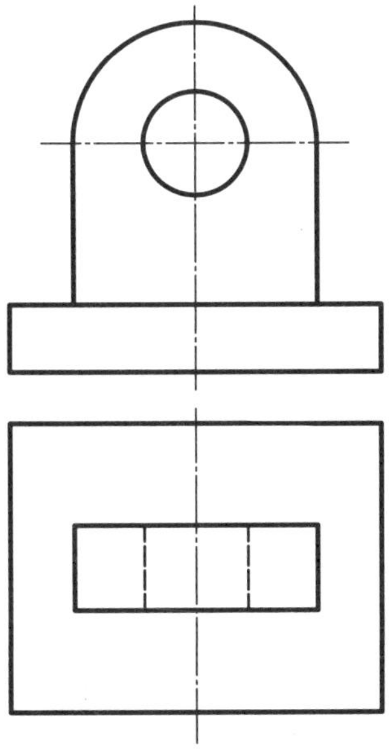

11. 根据视图作斜二测图。

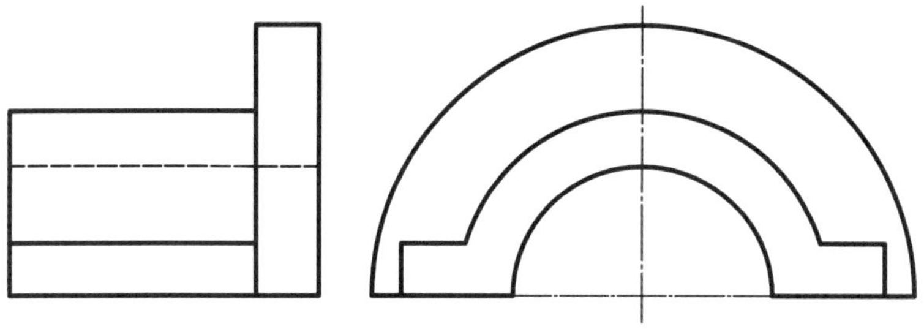

12. 求作拱桥模型的斜二测图。

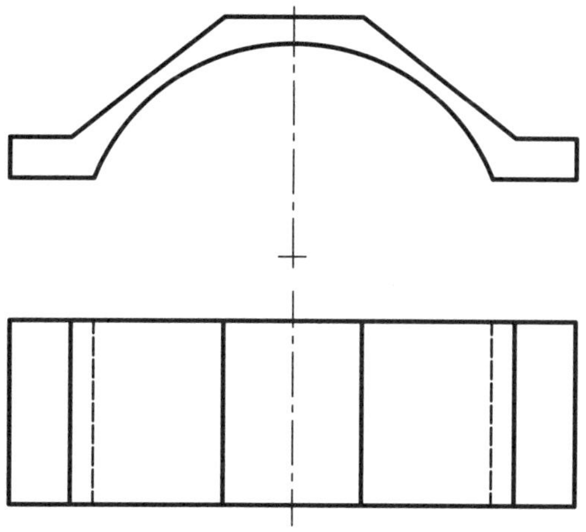

1. 已知直线*AB*的标高投影，求作*AB*的坡度、平距、真长、对基准面*H*的倾角*α*，并在*AB*的标高投影上作出刻度。

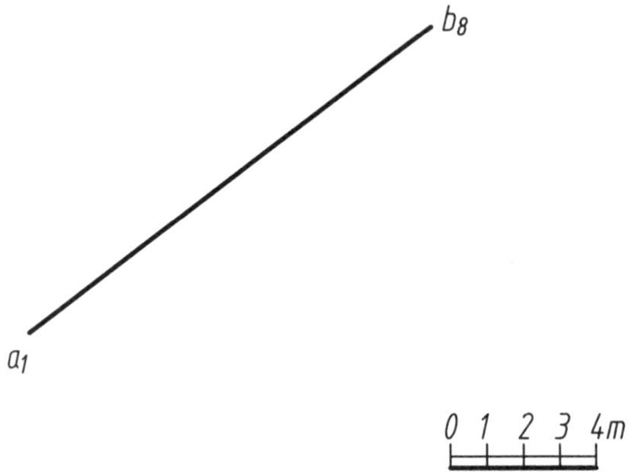

2. 求作由点*A*与直线*BC*所确定的平面上的等高线、坡度比例尺及平面对基准面*H*的倾角*α*。

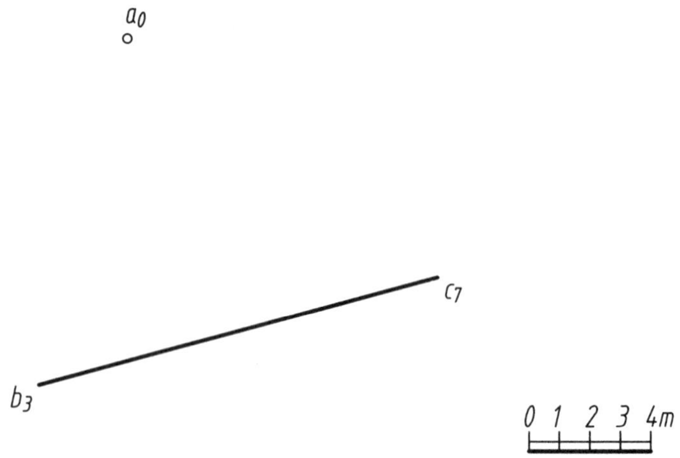

3. 在高程为0 m的平地上修建一高程为4 m的平台，平台的形状和坡度如下图所示，求作平台的坡脚线、坡面交线，并画出示坡线。

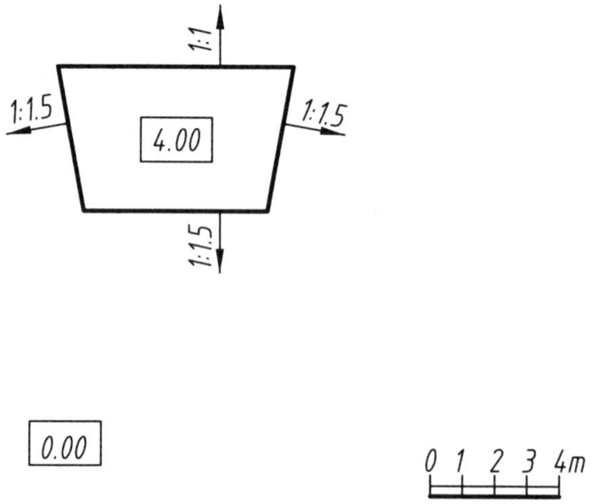

4. 在高程为0 m的地面上修筑一高程为3 m的平台，台顶形状及边坡的坡度如下图所示，求其坡脚线和坡面交线，并画出示坡线。

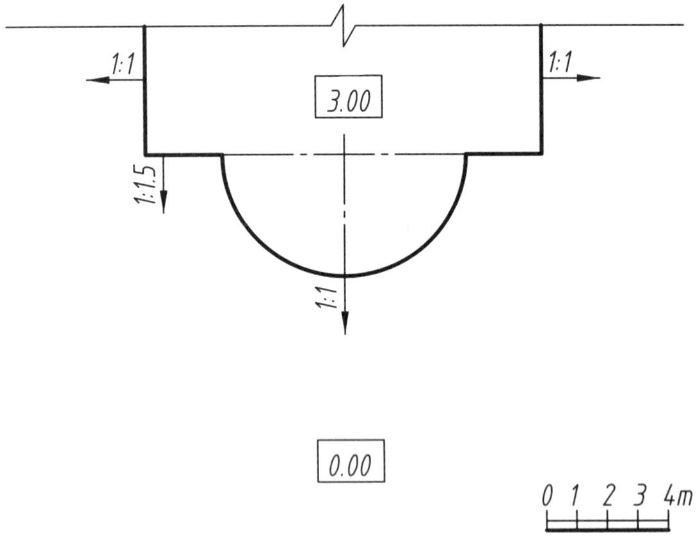

5. 在高程为4 m的地面上挖一基坑，右边有从地面下来的一条斜引道，基坑和斜引道的各坡坡度如下图所示，求作开挖线、坡面交线，并画出示坡线。

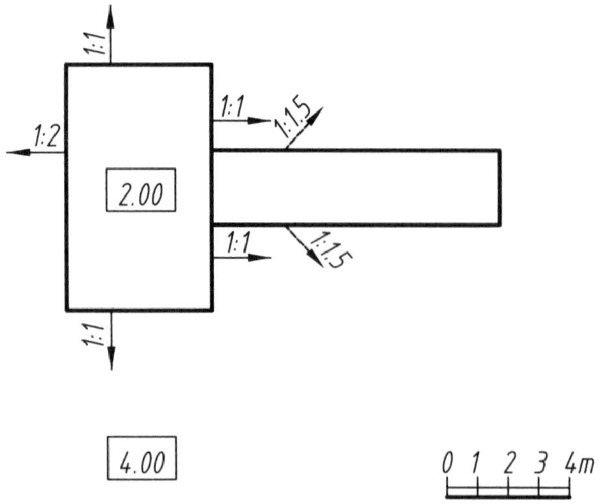

6. 在高程为4 m的地面上修建一逐渐上升的弯道与8 m的干道相接，各坡面的坡度如下图所示，求作干道和弯道坡面的坡脚线及坡面交线。

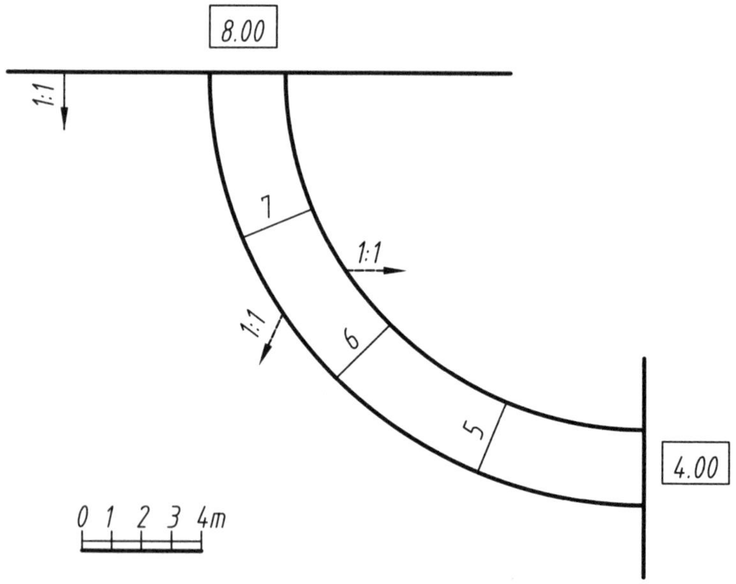

7. 已知管道的流向为从点A至点B，求作管道与地面的贯穿点的标高投影。管道的可见投影用粗实线画出，不可见投影用中虚线画出。

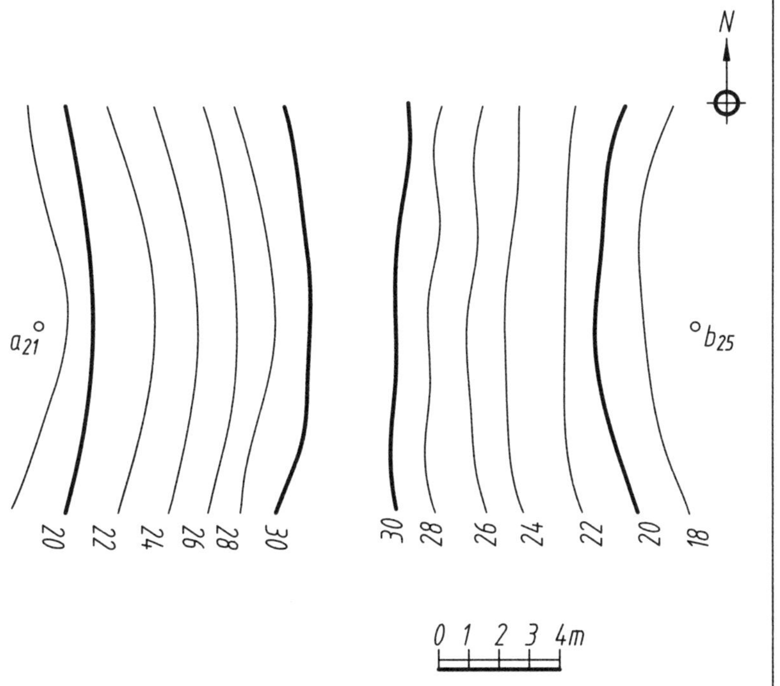

8. 拟在一斜坡地面上修建一条斜坡道，斜坡道的填、挖方边坡的坡度均为1∶1.5，求作各边坡与地面的交线，并画出示坡线。

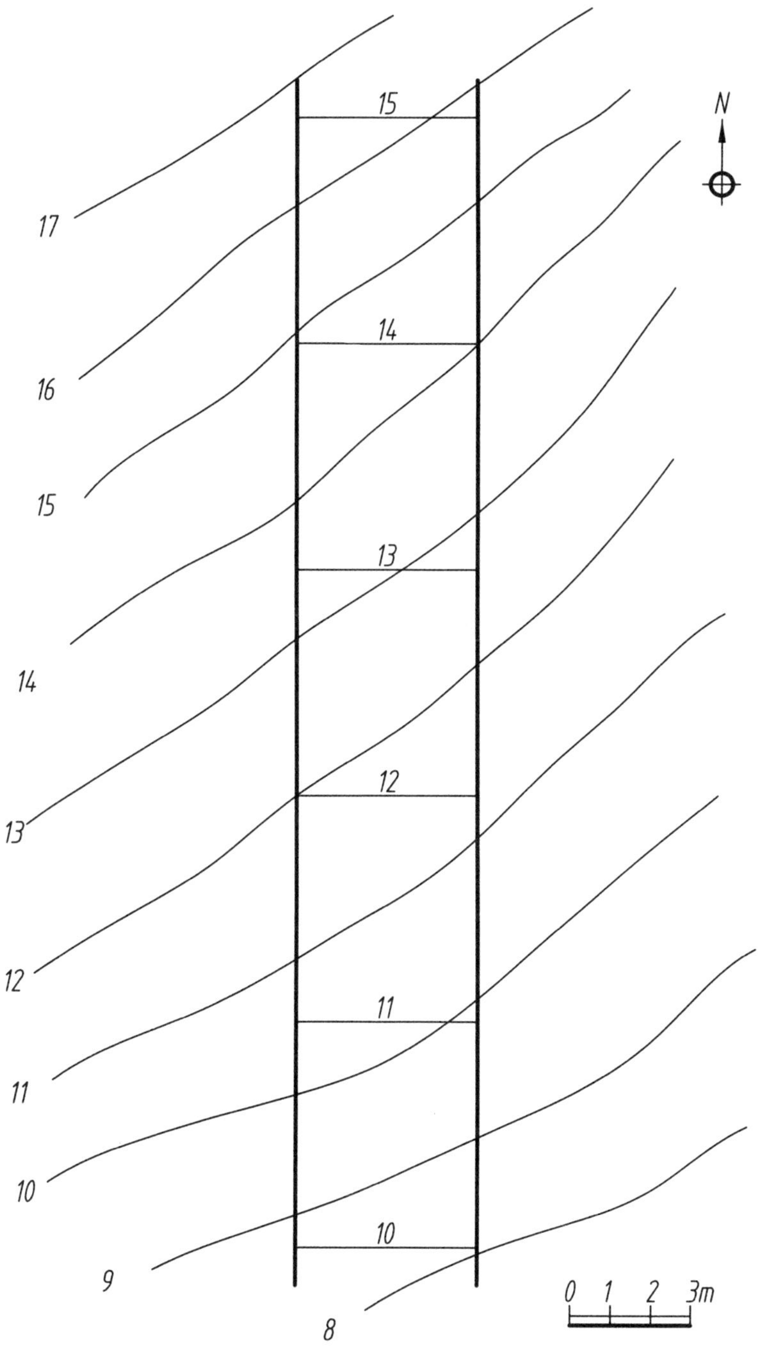

9. 如下图所示，在河道中修筑一土坝，已知河道地形图、土坝的轴线位置及土坝的横断面图，求作土坝边坡的坡脚线，并画出示坡线。

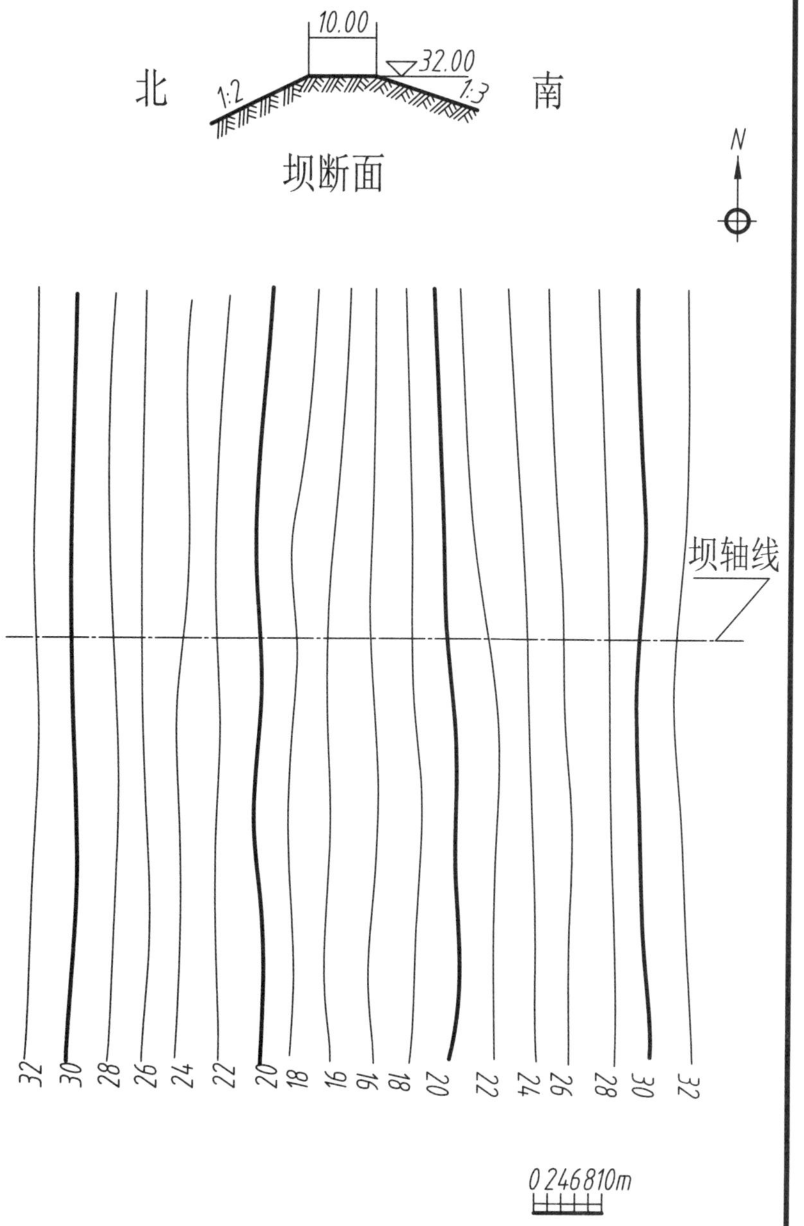

10. 在如下图所示的山坡上修建一水平广场，已知水平广场的平面图及高程为40 m，填方和挖方的坡度均为1∶1，求作开挖线、坡脚线、各坡面交线，并画出示坡线。

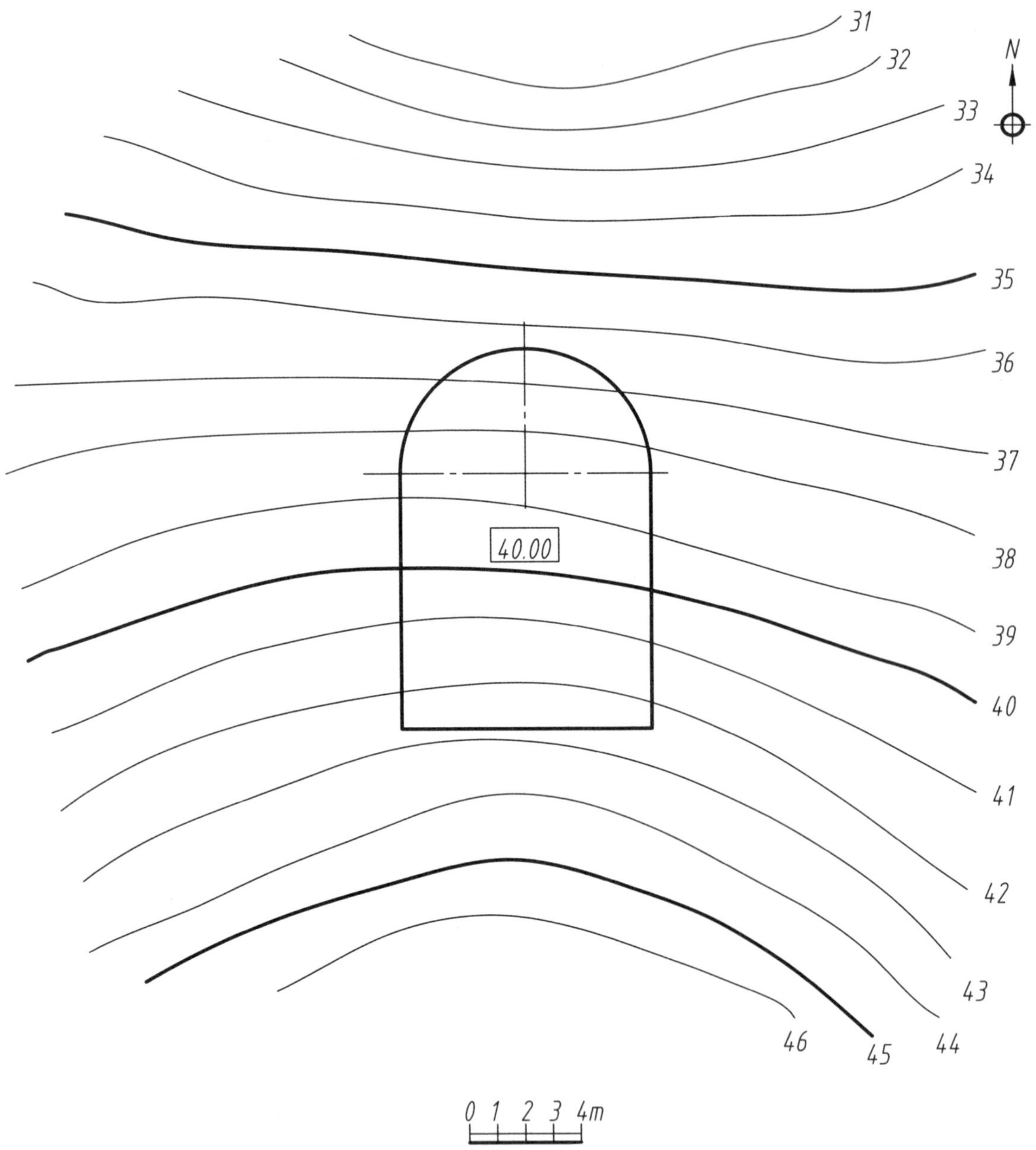

11. 在地面上修建一高程为20 m的弯道，已知路面位置及道路的标准断面，求作这段弯道的坡脚线和开挖线，并画出1-1、2-2、3-3、4-4断面图。

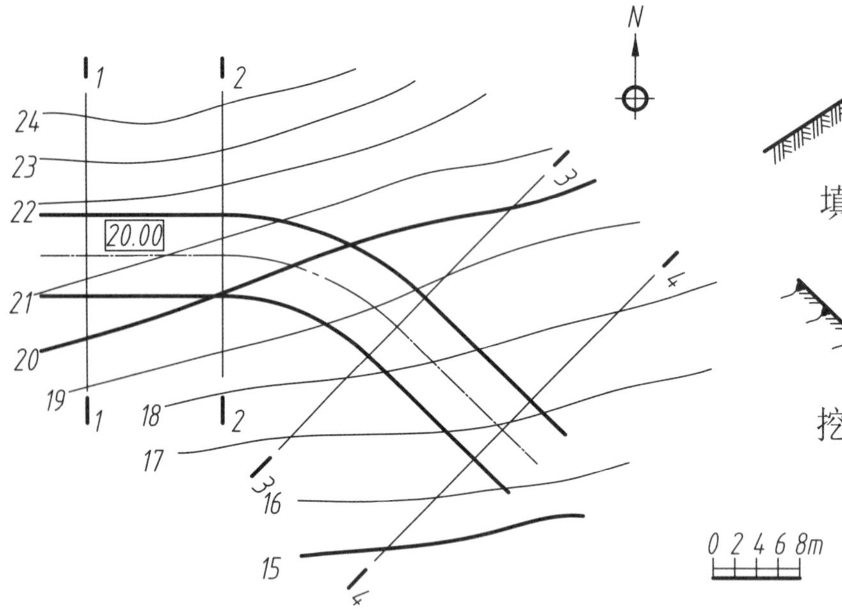

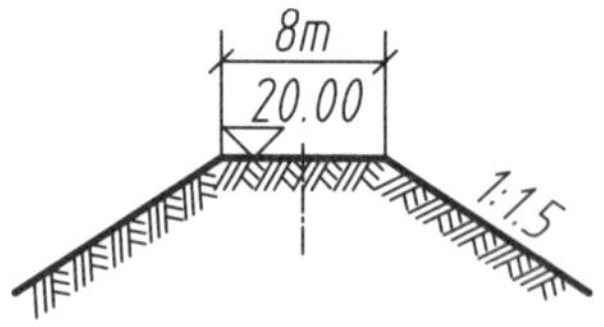

填方标准断面

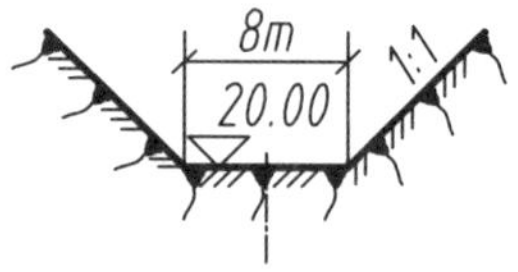

挖方标准断面

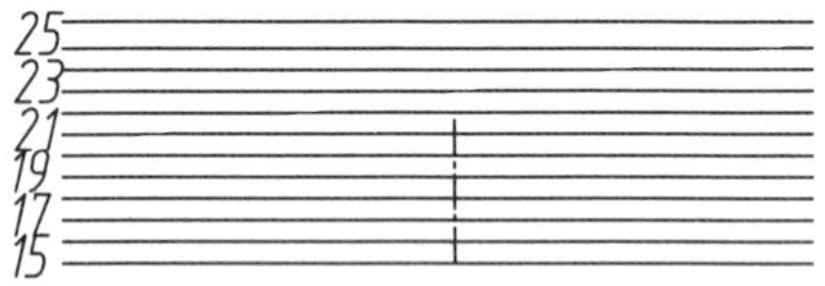

2-2

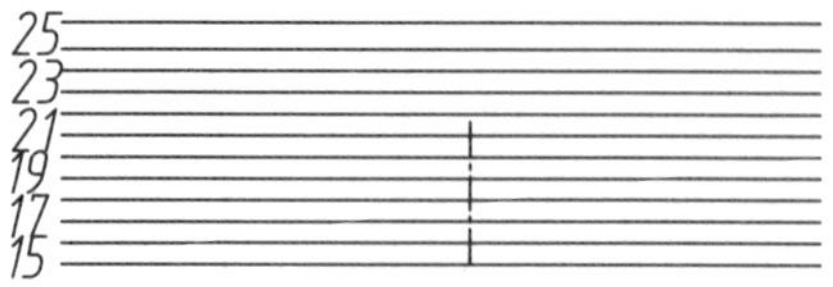

4-4

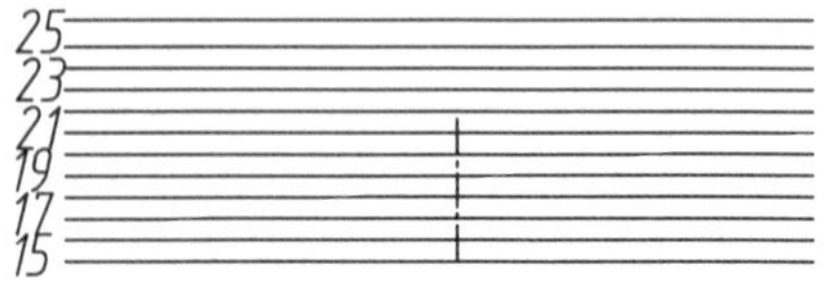

1-1

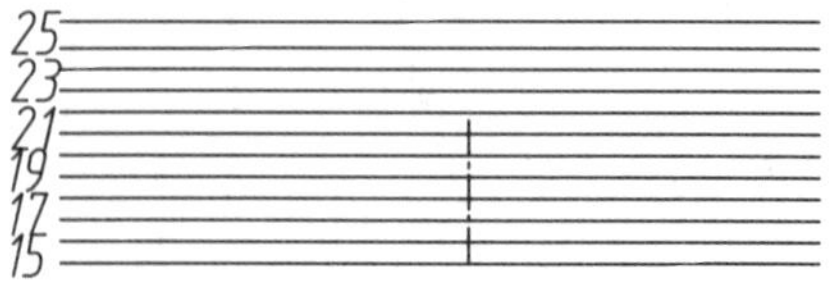

3-3

1. 字体练习

10号字体

土木建筑工程制图房屋平立剖面设计说明墙柱梁板楼梯框架道路桥梁涵洞

7号字体

按装门窗钢筋混凝土粉刷层标高尺寸护坡基础石材扶手栏杆线型瓷砖装饰布置设备给排水采暖通

5号字体

风环境管理交通审核姓名单位规格数量中心距结构防水层砂检查顶棚吊棚水口管沟檐泛水度隔断预埋拱勒脚消防梯安全涵洞台

5号字体

ABCDEFGHIJKLMNOPQRSTUVWXYZ

abcdefghijklmnopqrstuvwxyz

5号字体

1234567890

3.5号字体

1234567890

2.5号字体

1234567890

I II III IV V VI VII VIII IX X XI

α β γ φ δ ϕ

2. 线型练习

粗实线(b)

中粗实线(0.7b)

中实线(0.5b)

细实线(0.25b)

细单点长画线(0.25b)

中虚线(0.5b)

细双点长画线(0.25b)

折断线(0.25b)

波浪线(0.25b)

3. 几何作图练习。

(1) 作圆的内接正六边形。

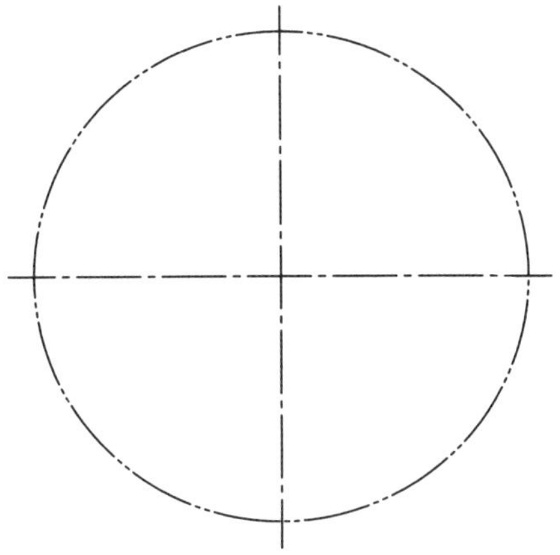

(2) 作圆的内接正五边形。

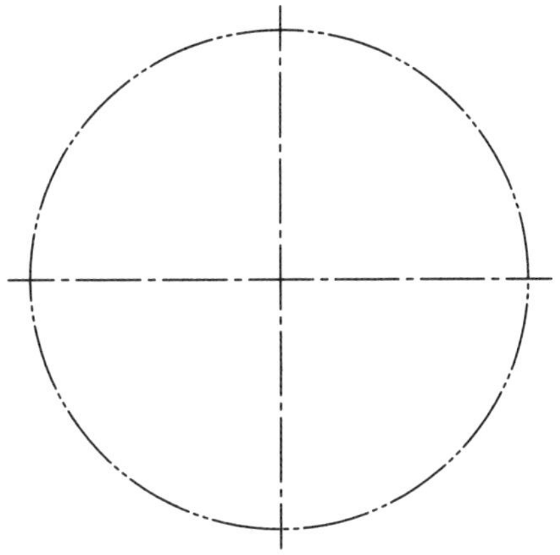

(3) 用四心圆弧法作椭圆(长轴为80，短轴56）。

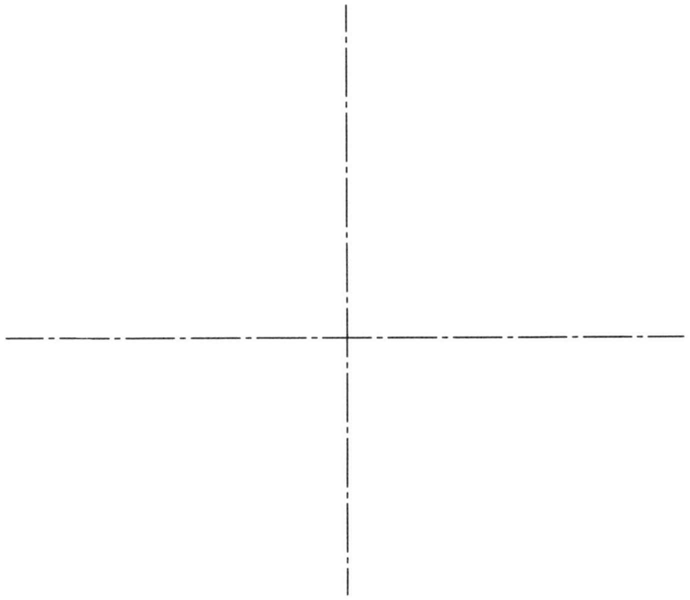

4. 找出图中尺寸注法的错误，在下图中正确标注。

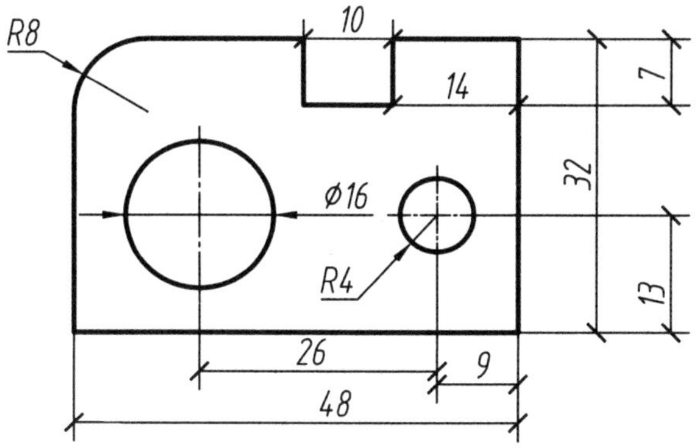

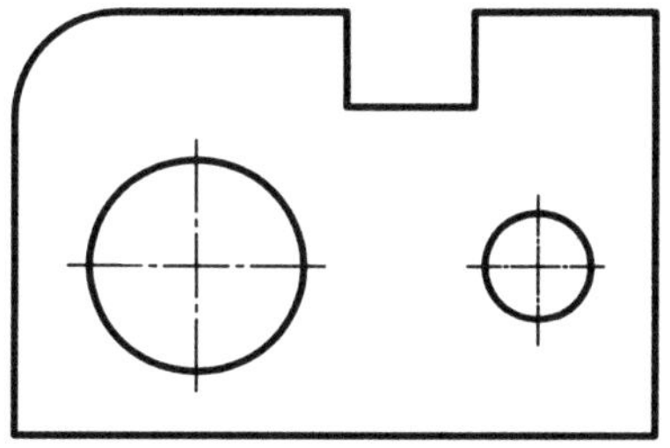

5. 填写线性尺寸数值，标注圆的直径与半径尺寸（数值从图中1:1取整量取）。

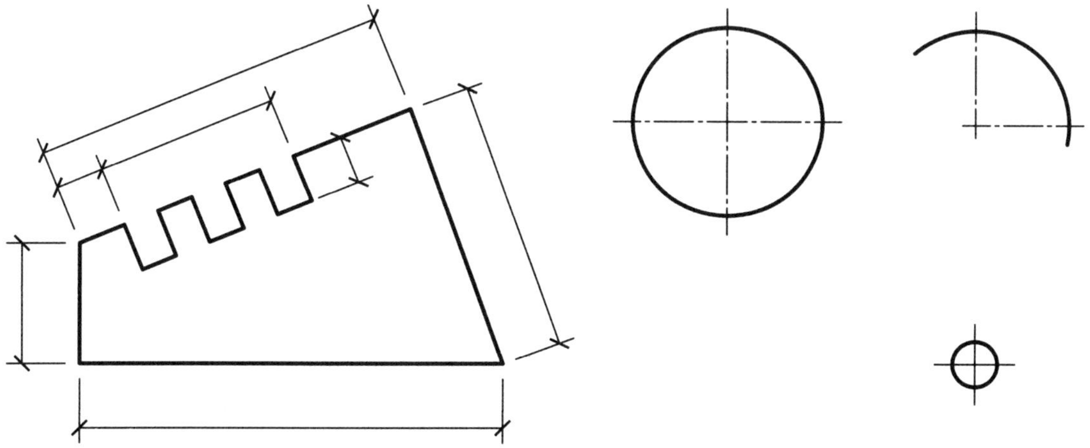

6. 在A3图纸上，按指定比例和尺寸绘制下列图形并作尺寸标注。

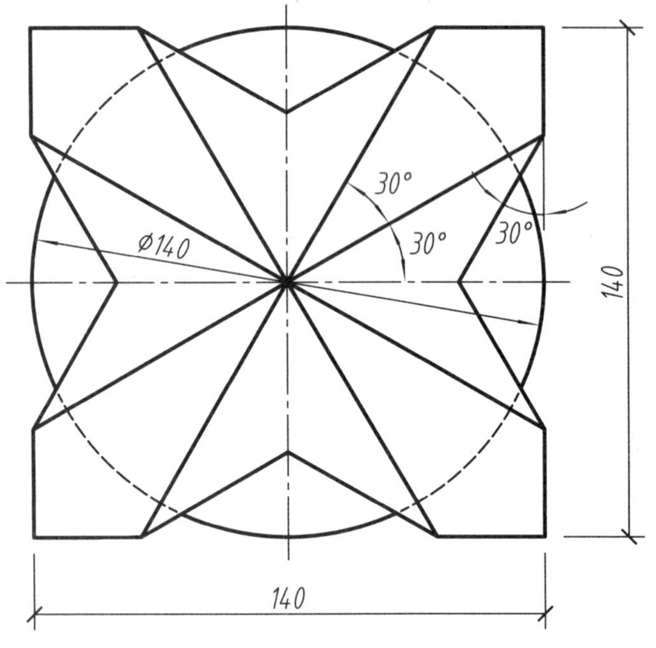

直线与圆 1:2

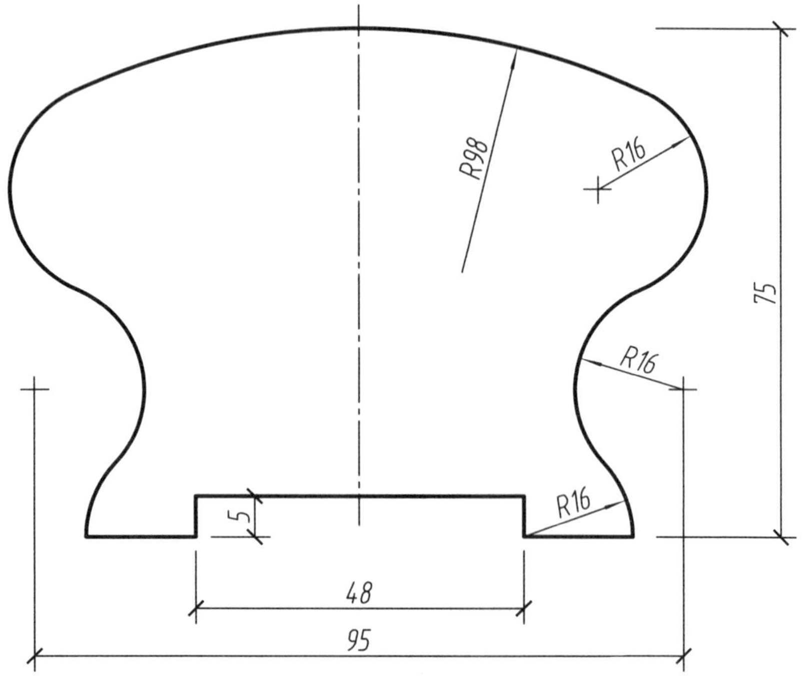

扶手 1:1

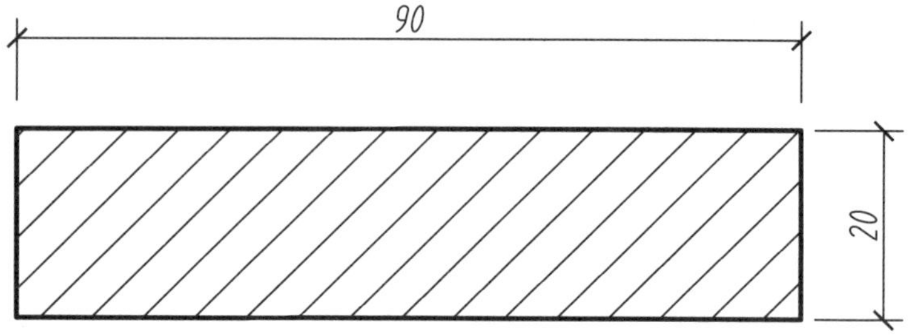

普通砖

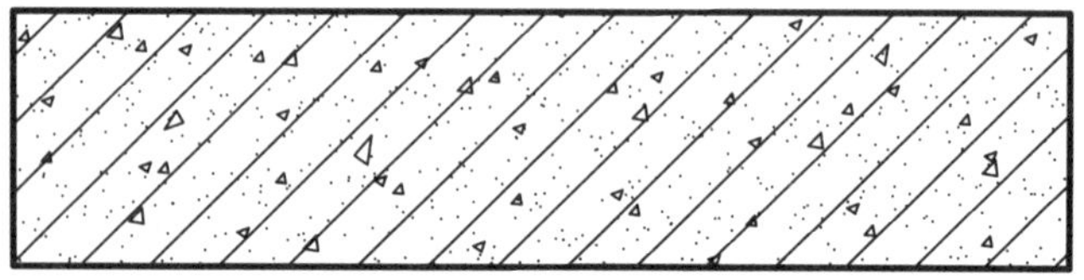

钢筋混凝土

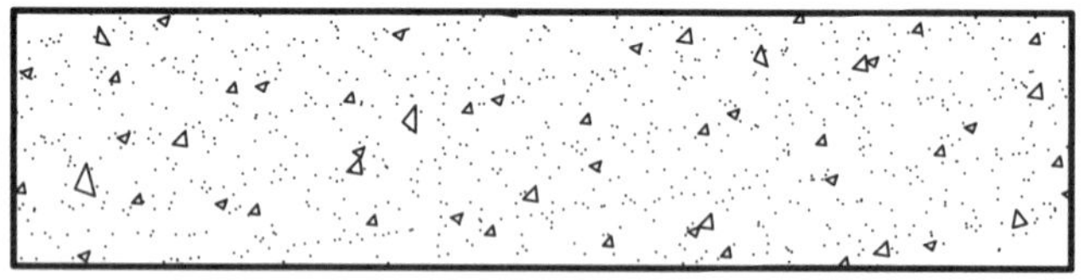

混凝土

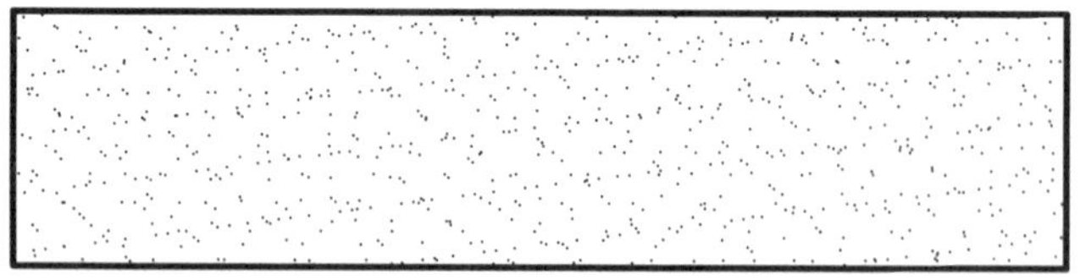

砂、粉刷层

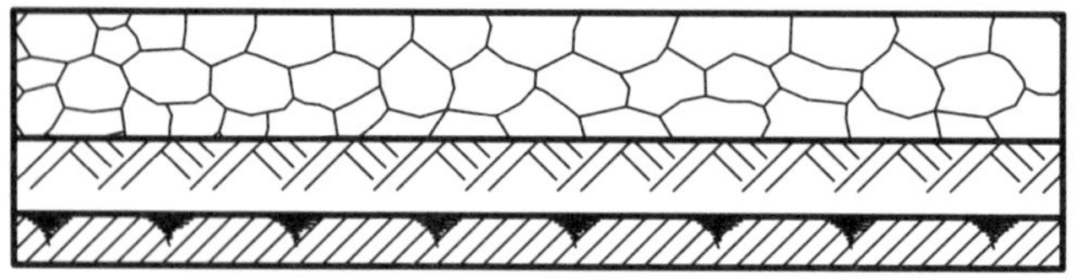

毛石、夯实土、自然土

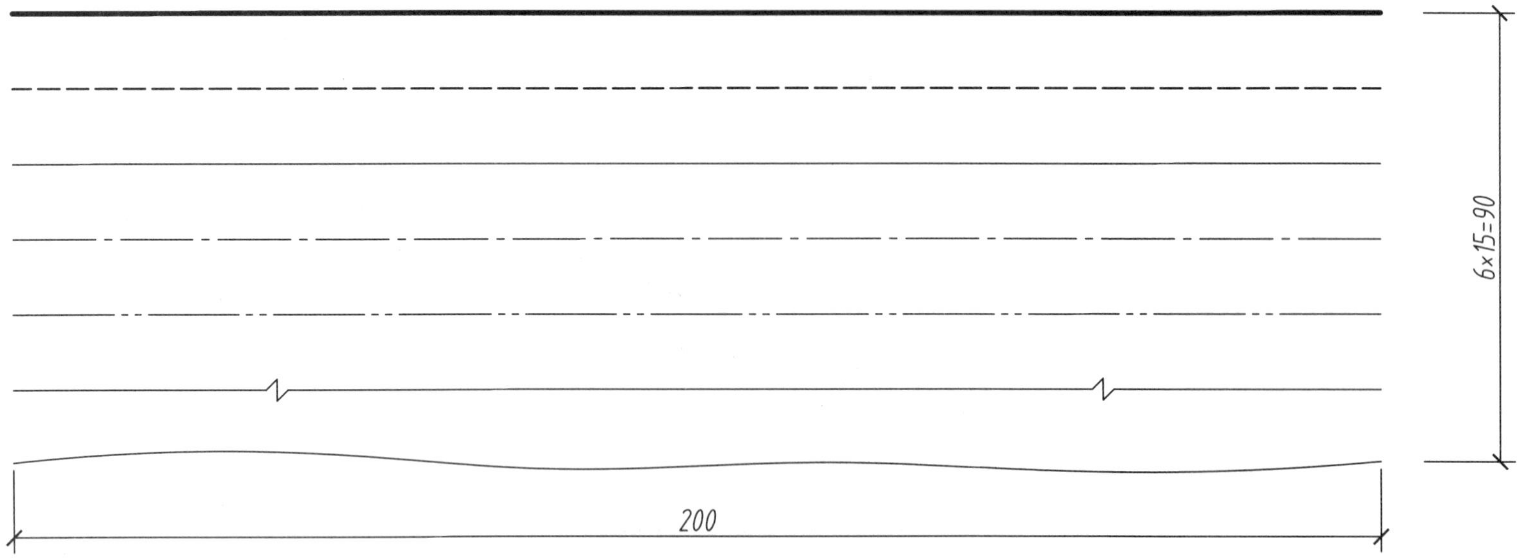

线型画法

1. 根据轴测图，补画各投影图中的漏线。

(1)

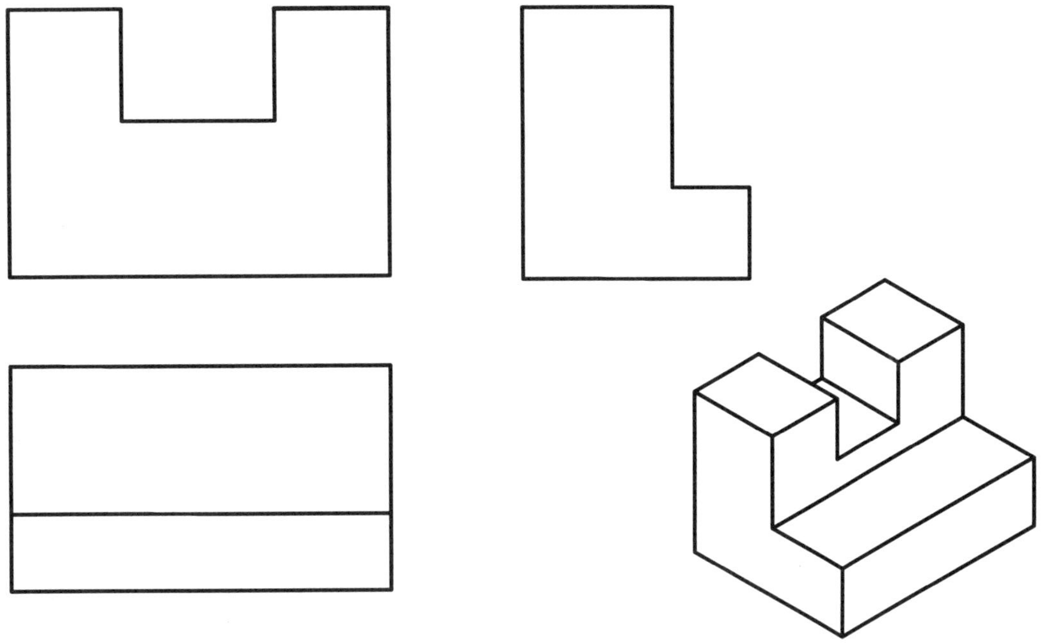

(2)

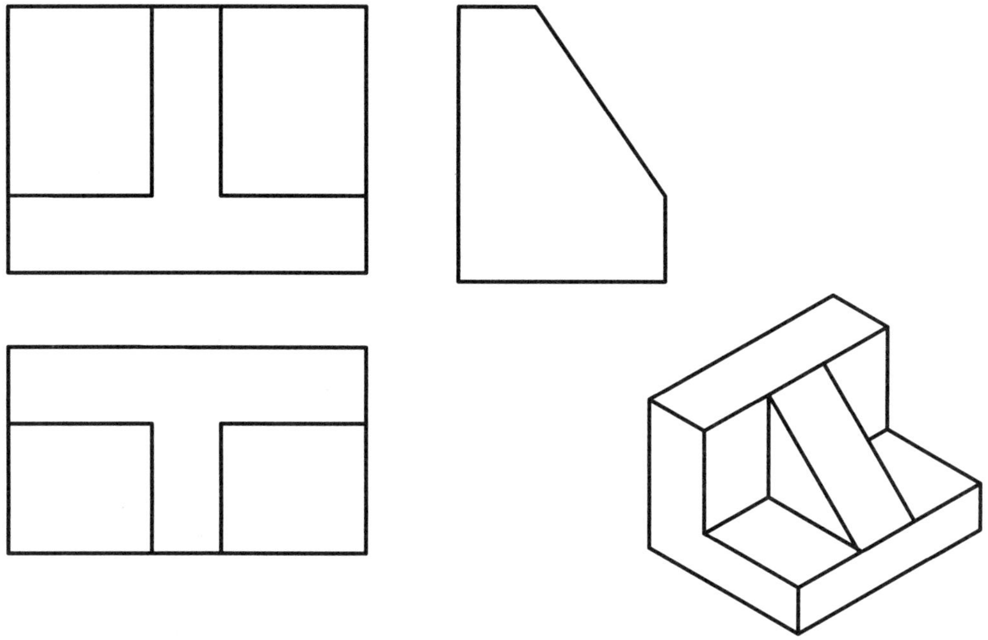

(3)

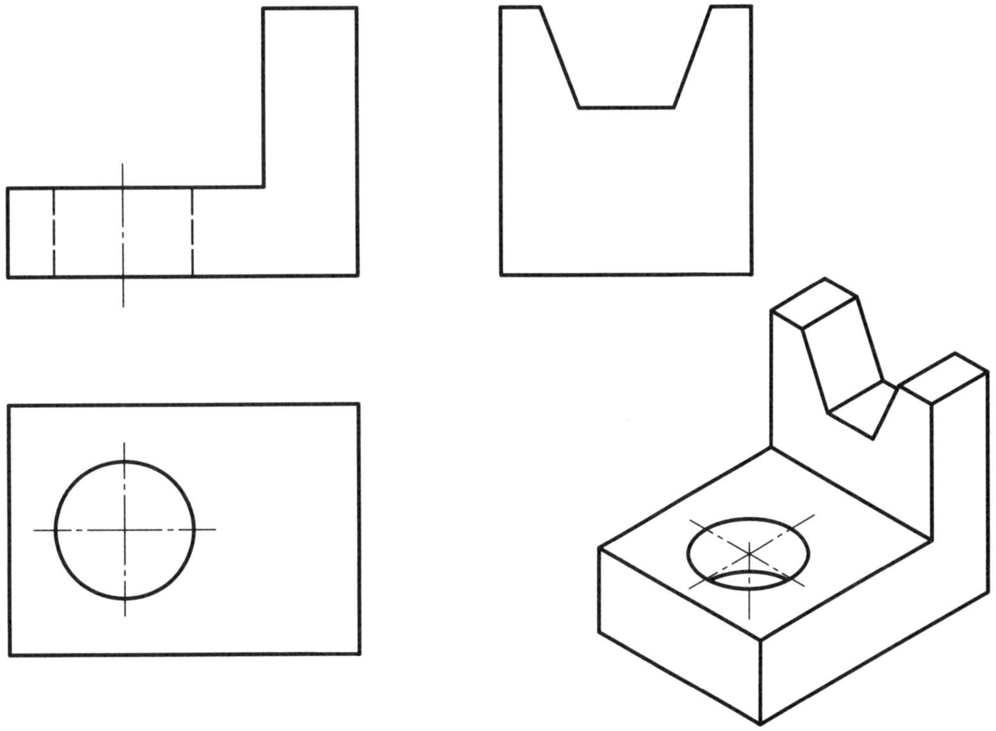

(4)

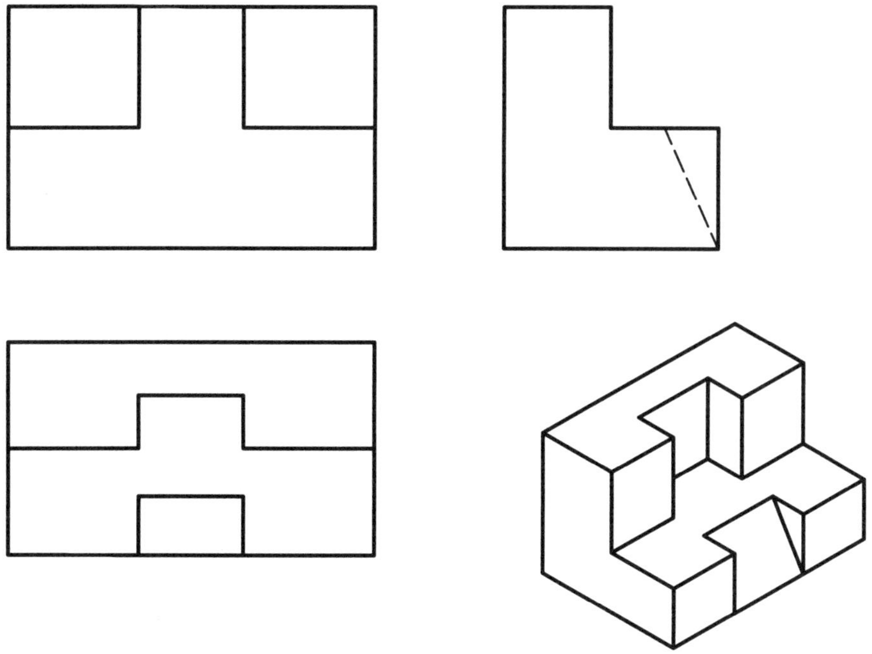

2. 根据轴测图，画组合体的三面投影图(尺寸在轴测图上按轴线方向1∶1量取)。

(1)

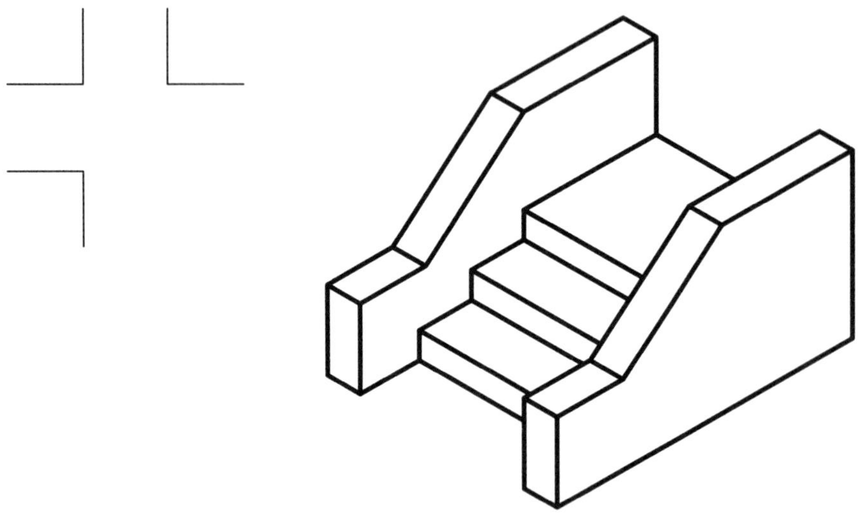

(2)

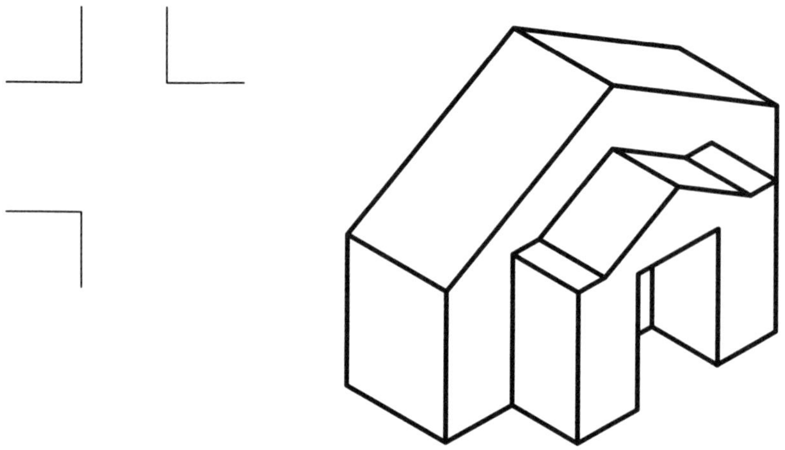

(3)

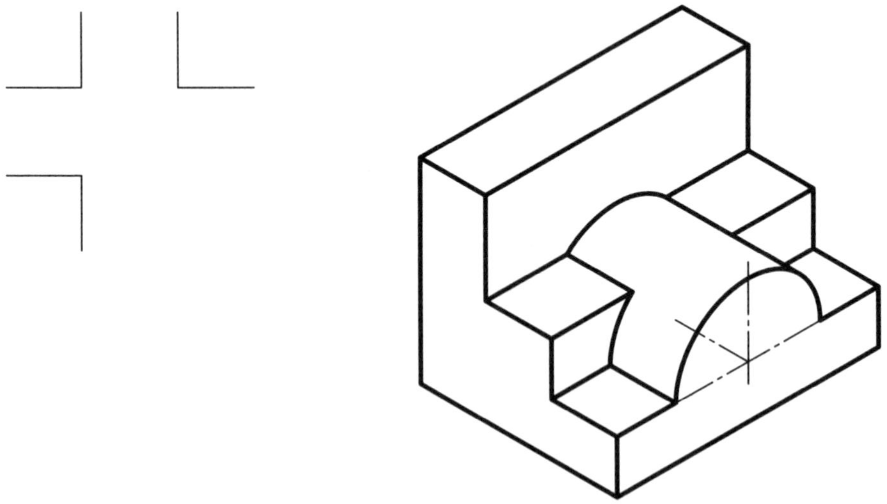

(4)

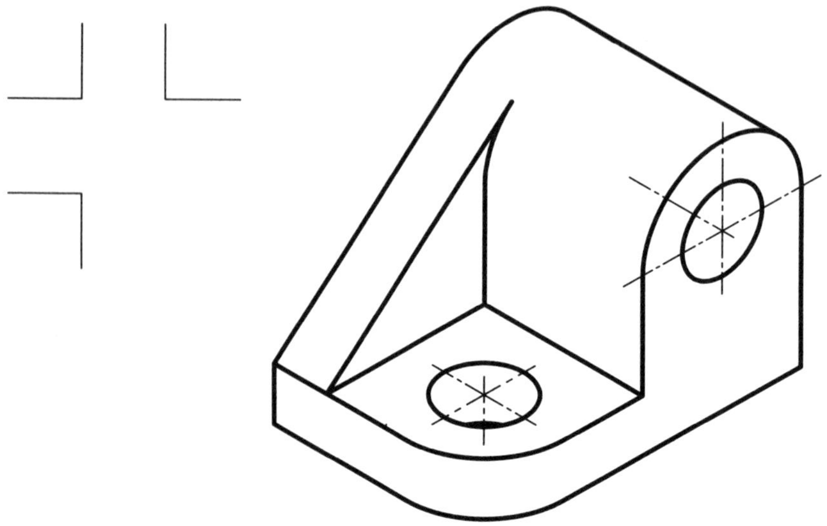

3. 请给图示组合体标注尺寸，尺寸数值按1∶1的比例度量取整。

(1)

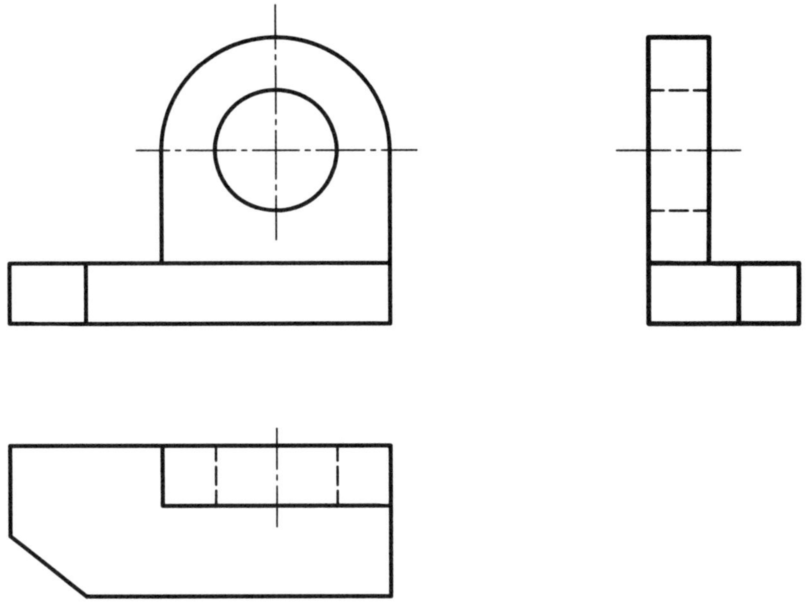

(2)

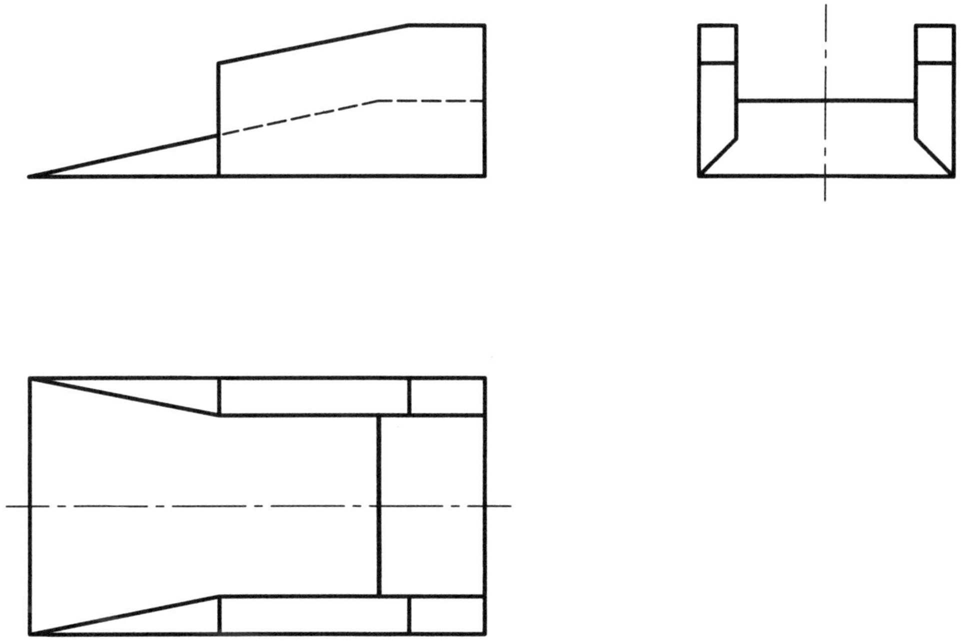

(3)

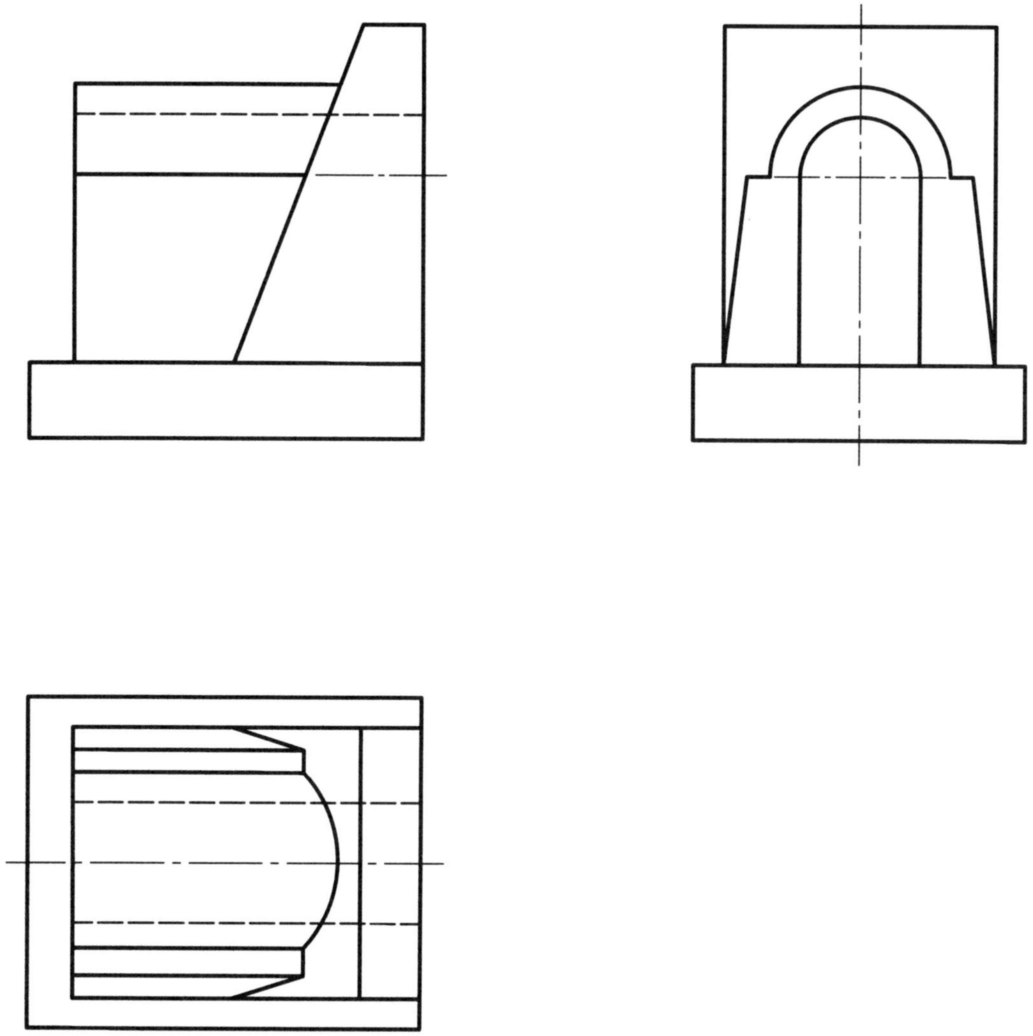

4. 根据所给的投影图，补画第三面投影图。

(1)

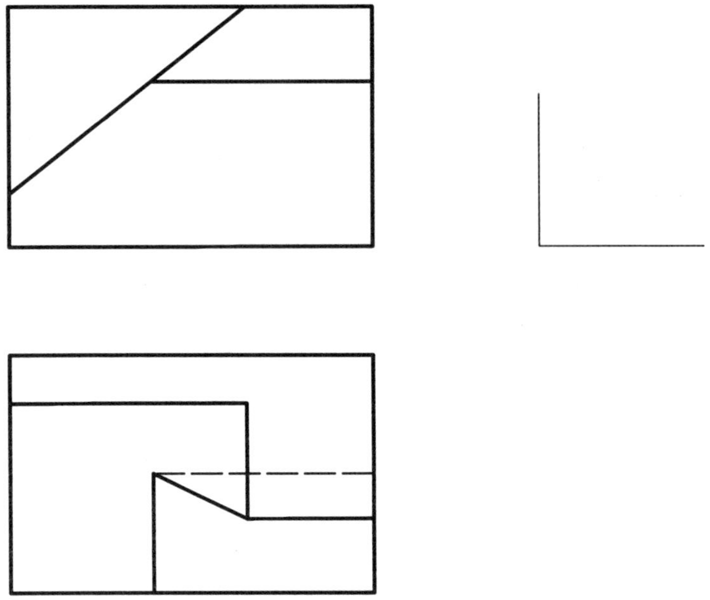

(2)

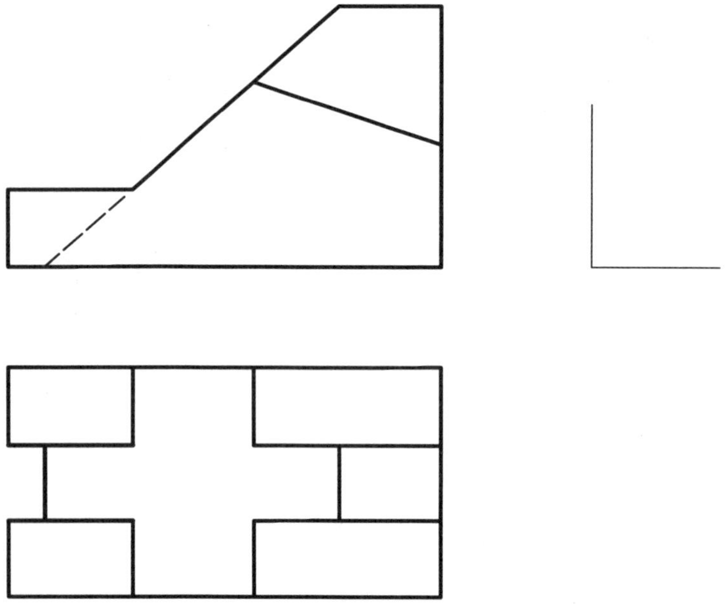

(3)

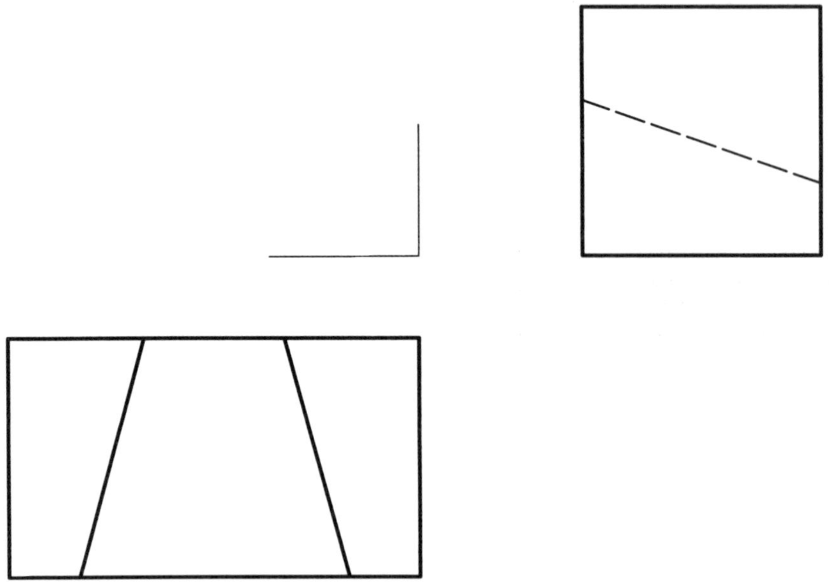

(4)

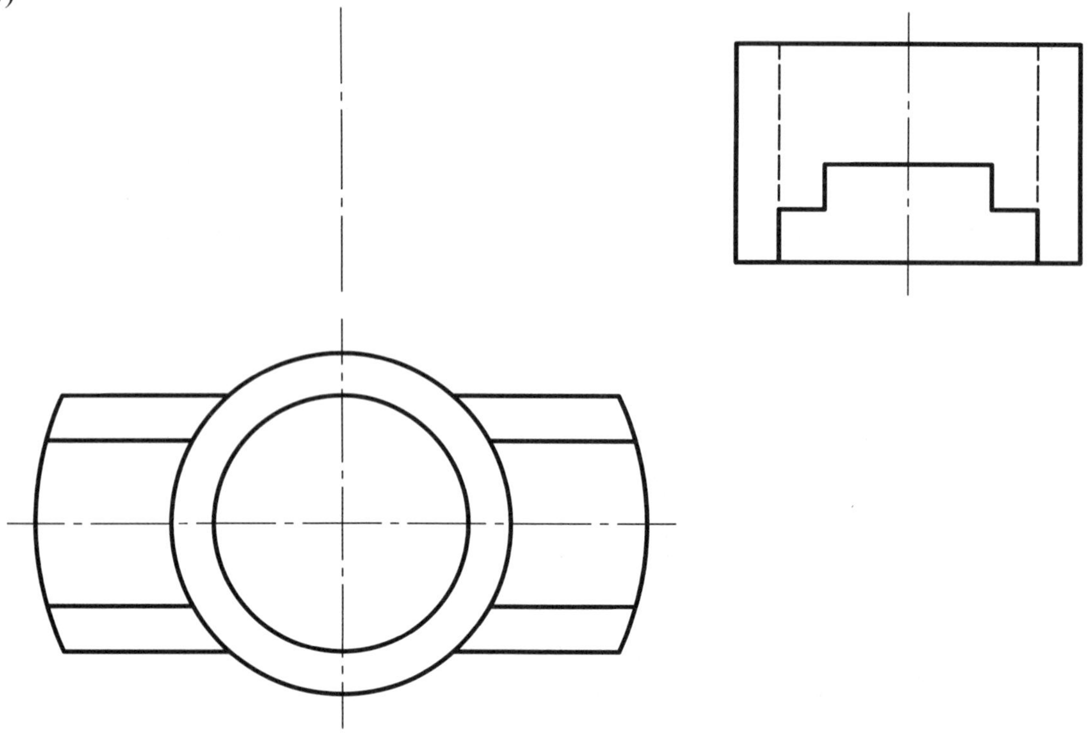

4.（续）根据所给的投影图，补画第三面投影图。

(5)

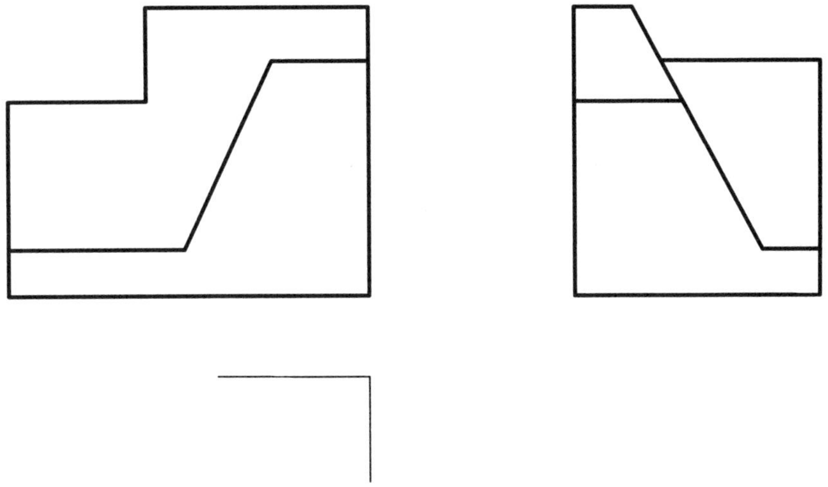

(6)

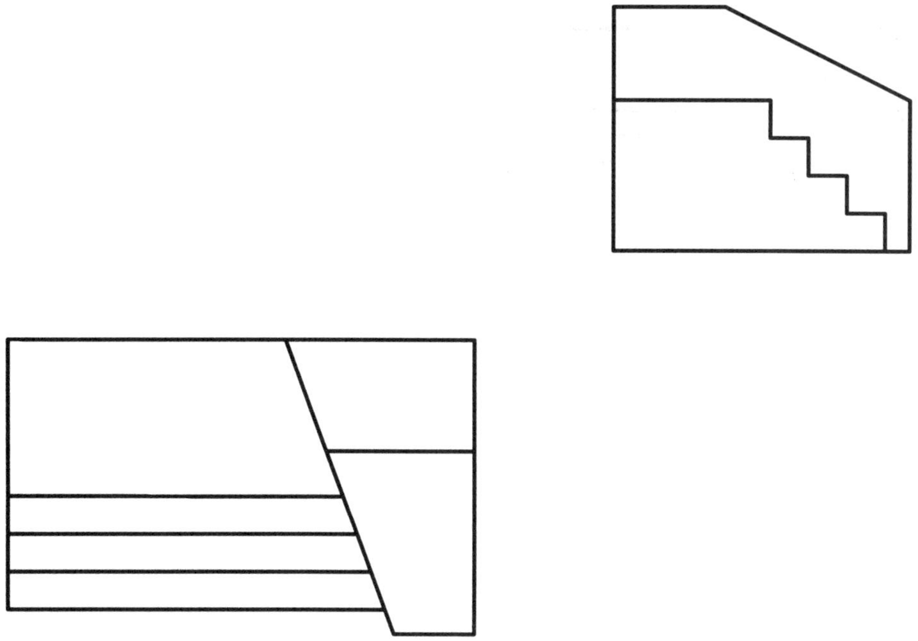

(7)

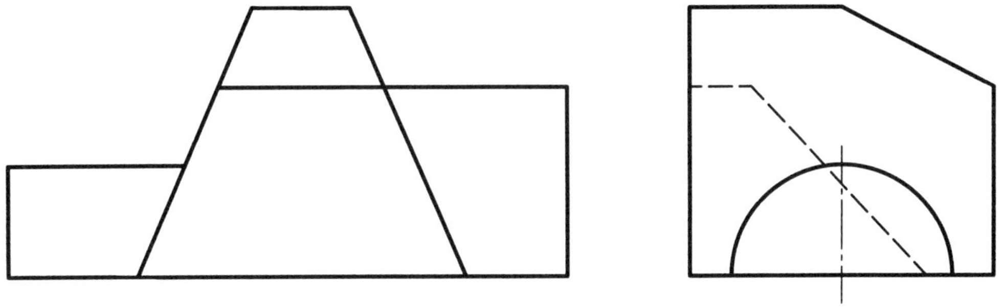

(8)

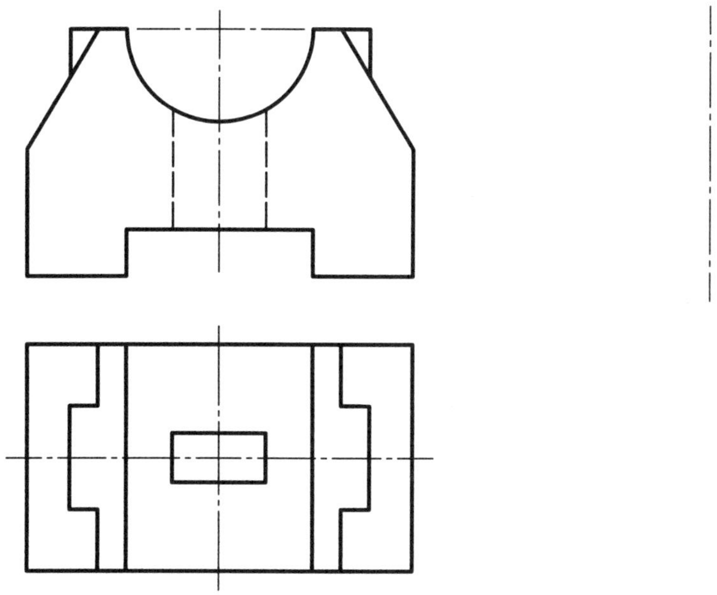

4.（续）根据所给的投影图，补画第三面投影图。

(9)

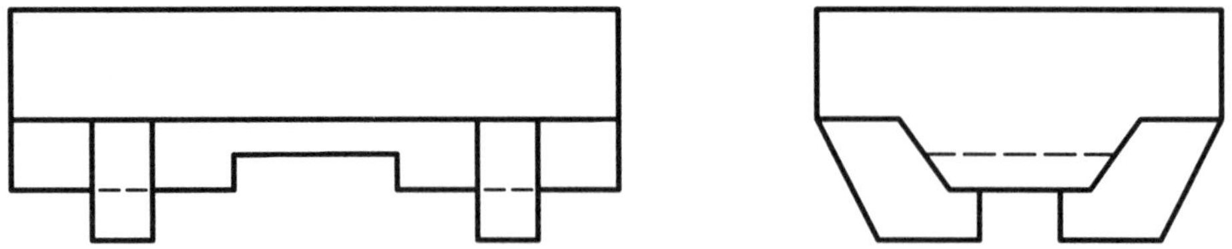

(10)

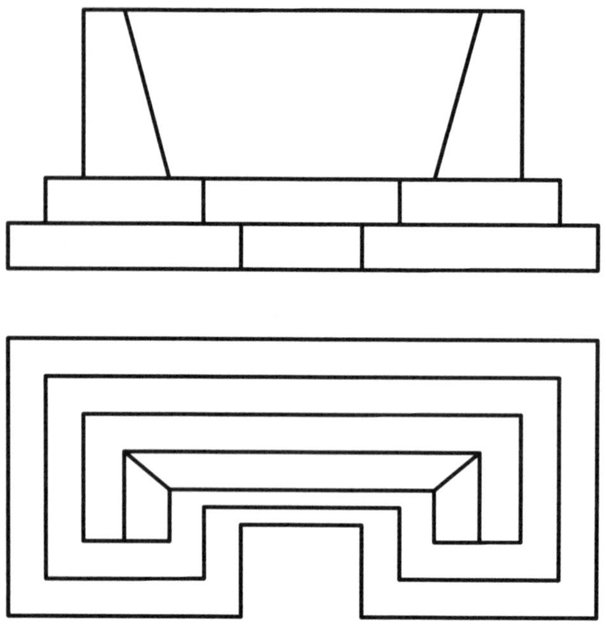

(11)

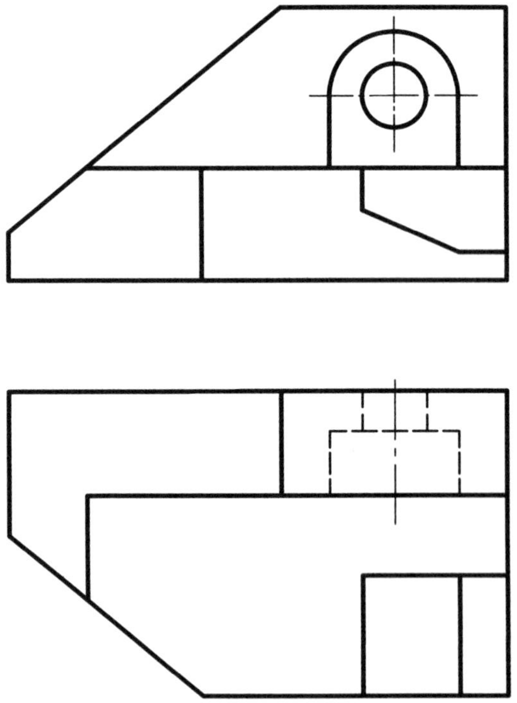

(12)

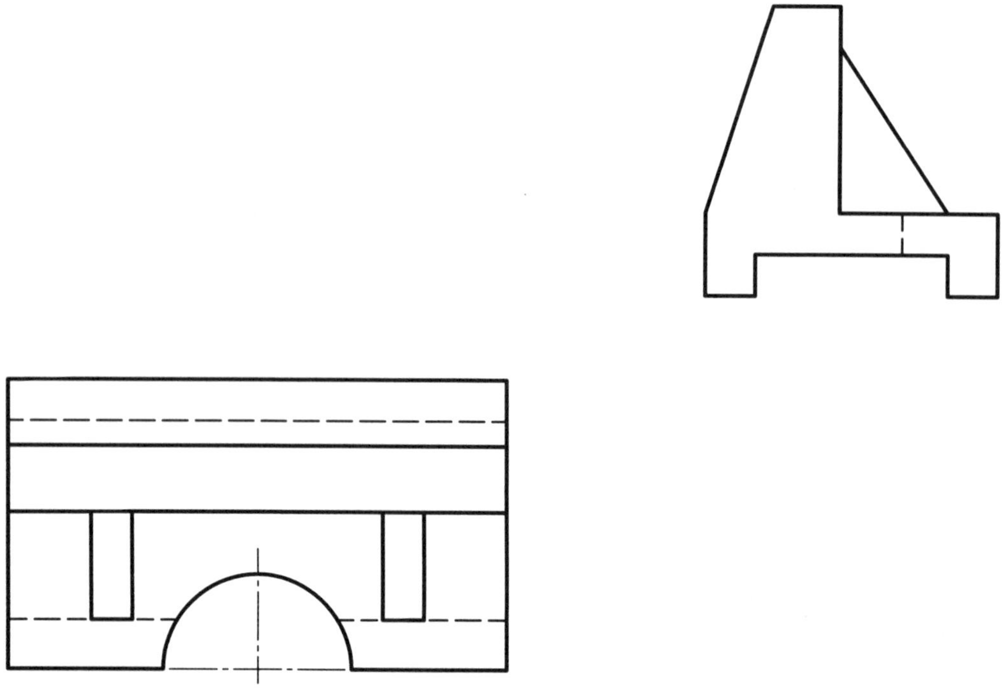

4.（续）根据所给的投影图，补画第三面投影图。

(13)

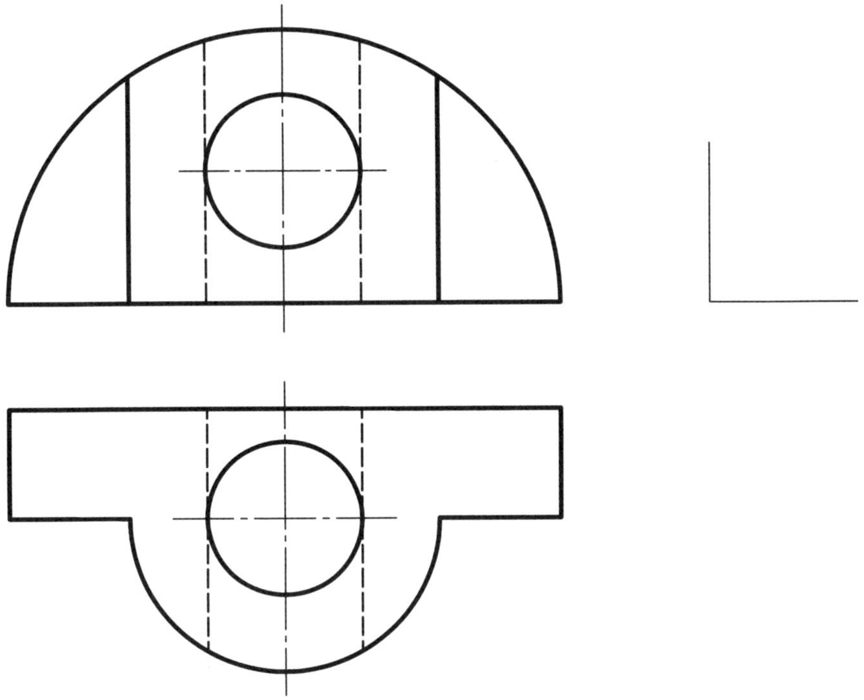

(14)

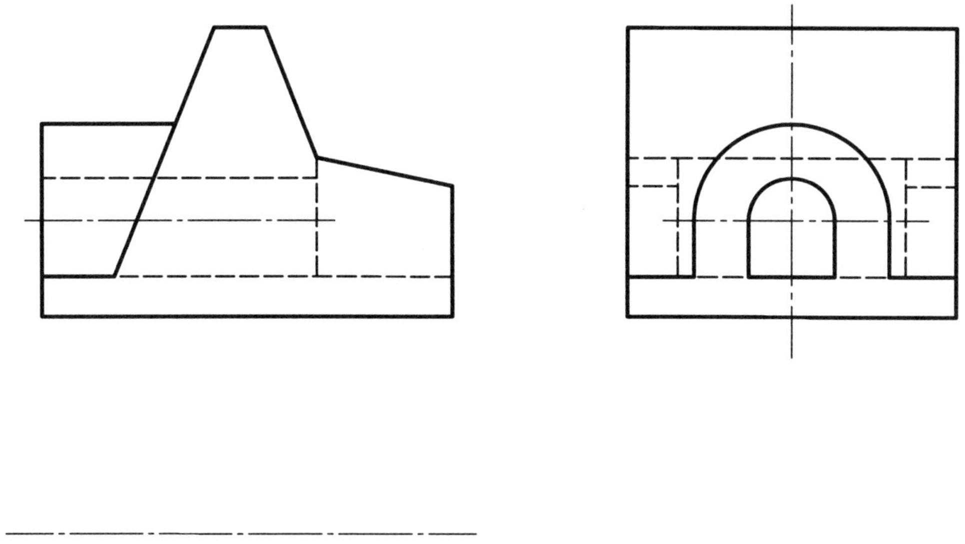

(15)

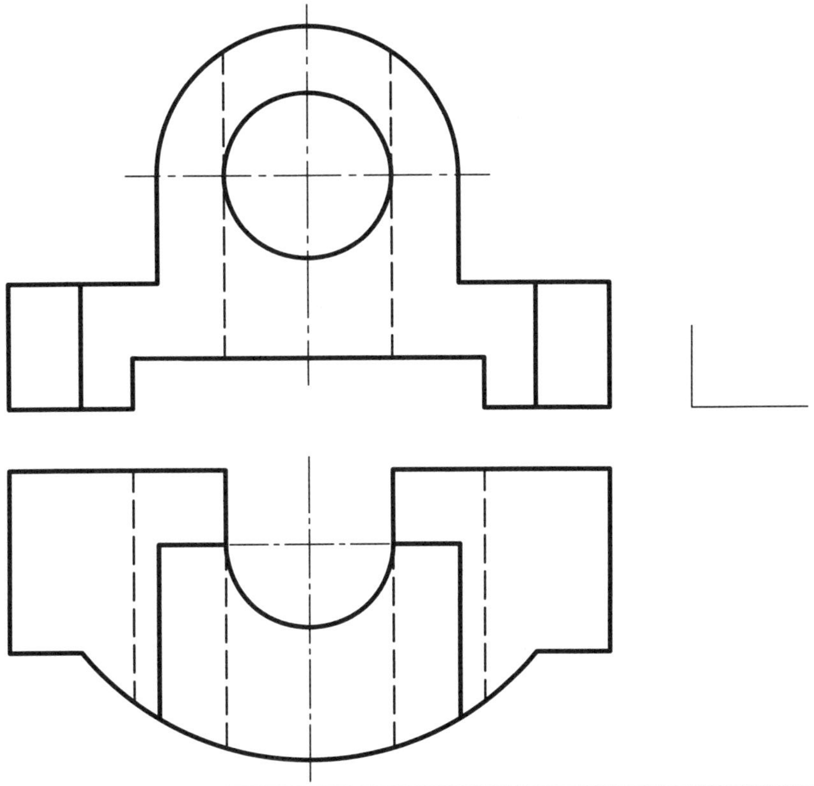

(16)

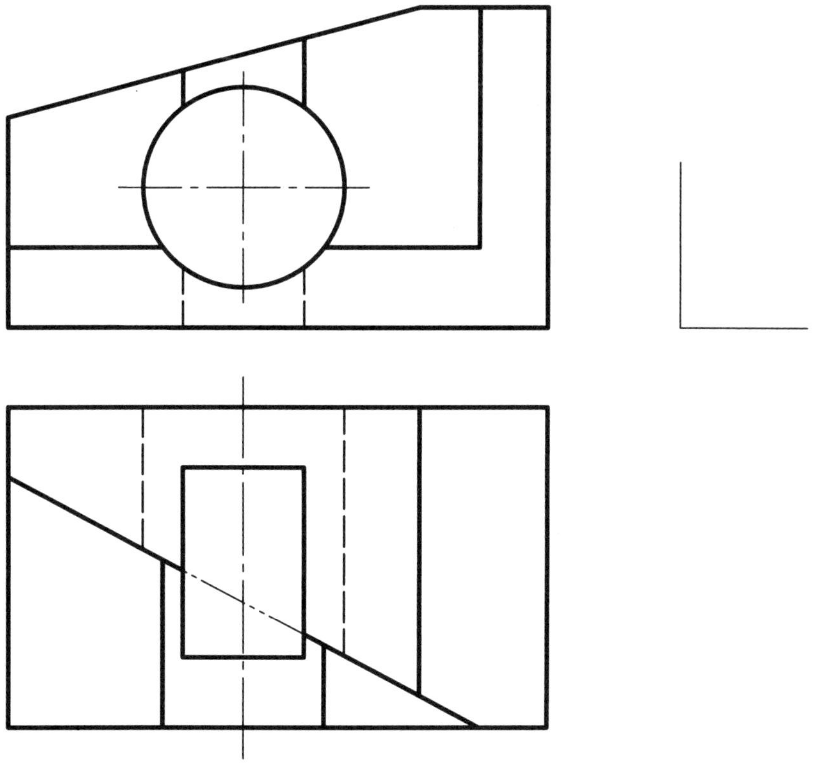

5. 分析三面投影图,补画各投影图中的漏线。

(1)

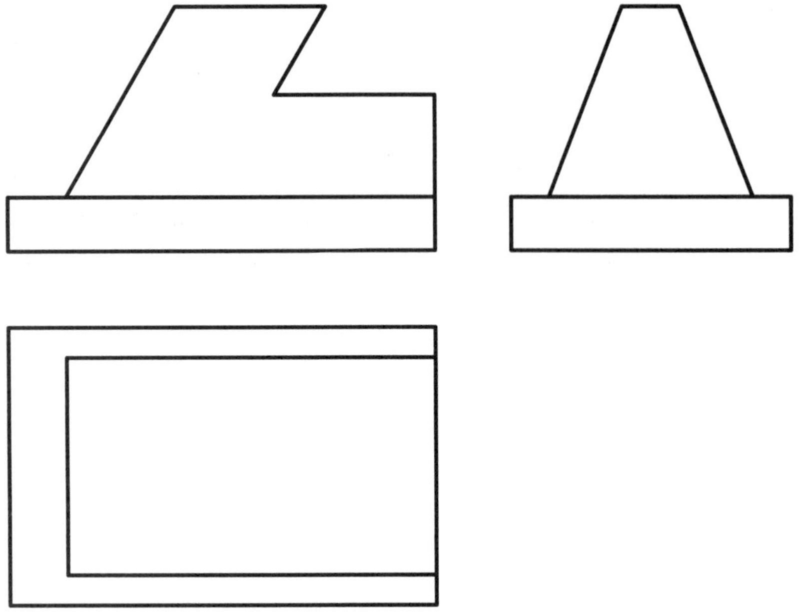

(2)

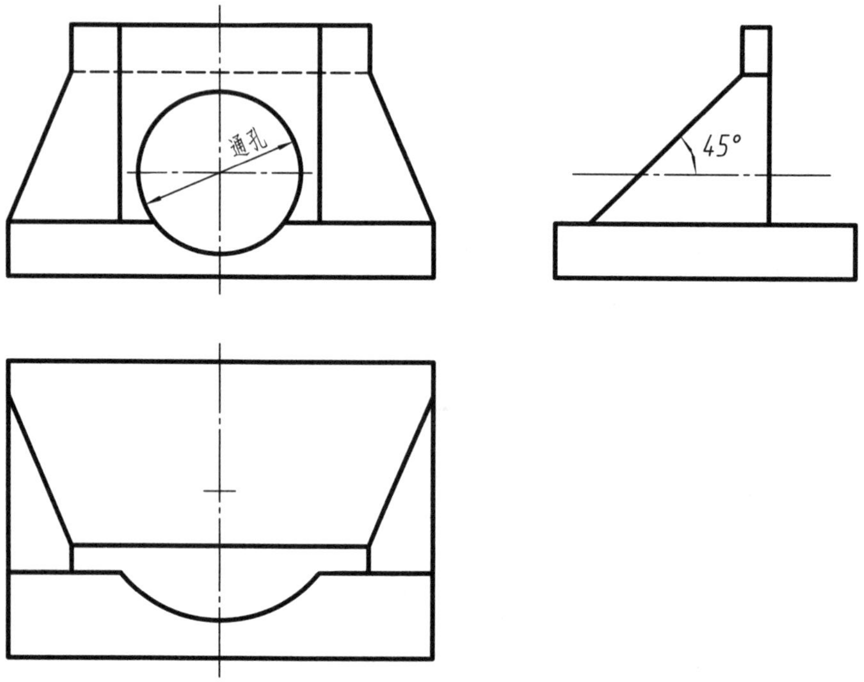

(3)

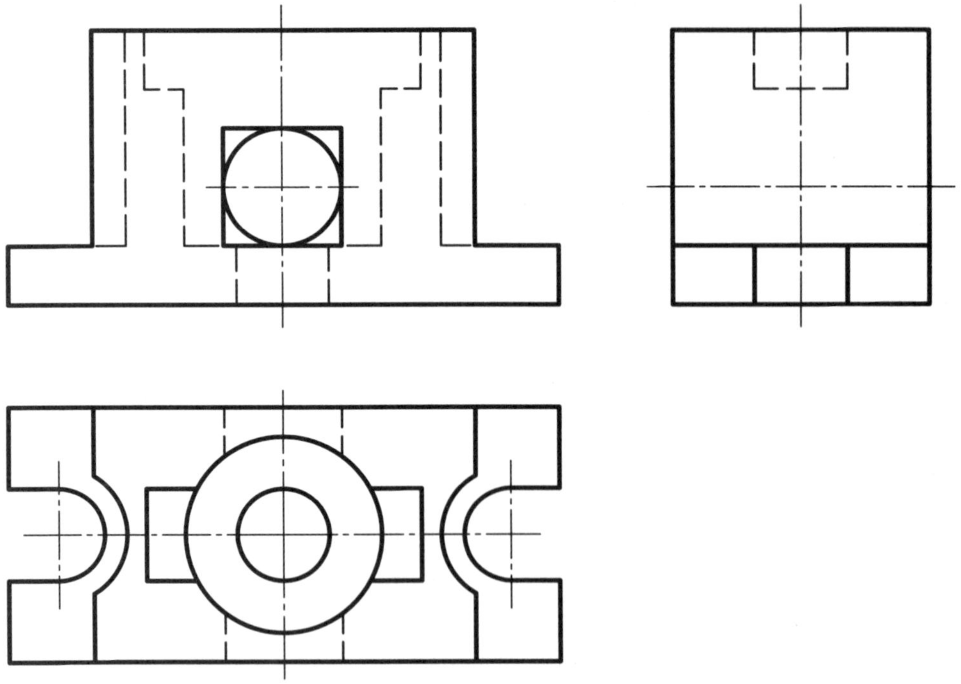

(4)

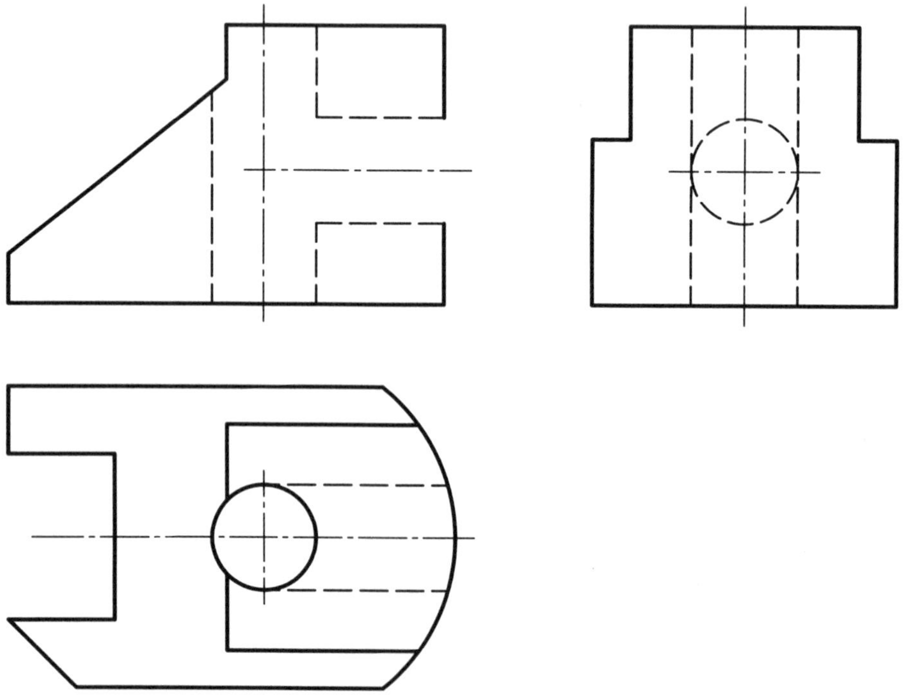

6. 由轴测图画三视图并标注尺寸。

要求：A3幅面，比例选择要适当，图面布置要匀称，尺寸标注要齐全、清晰、合理，图线、字体符合制图标准。图名：组合体三视图

(1)

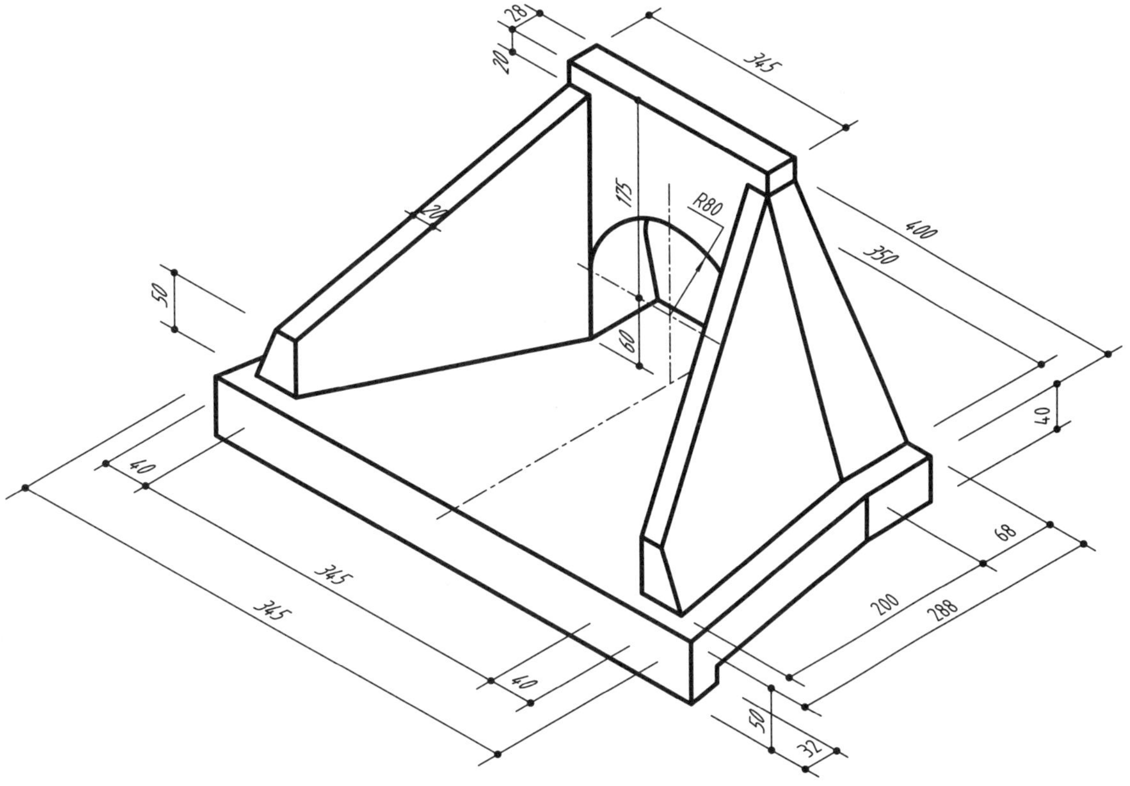

(2)

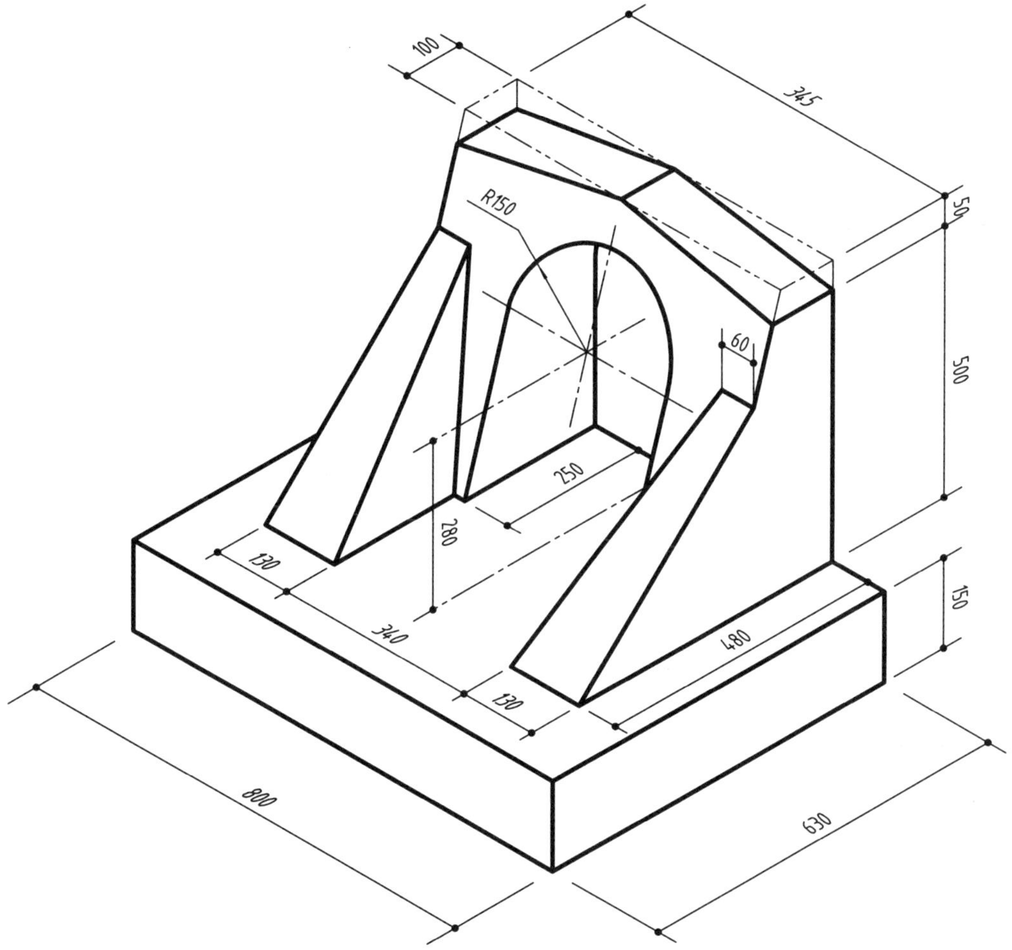

1. 根据工程形体的正立面图和平面图，补画其左侧立面图、右侧立面图、背立面图和底面图。

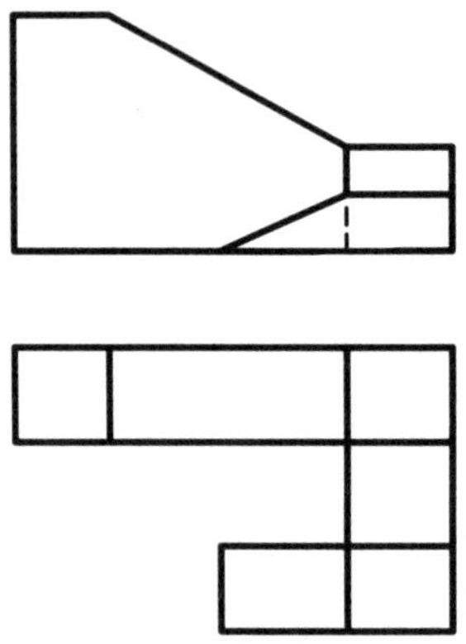

2. 用展开视图的表达方法补全建筑模型的立面图，并注写图名。

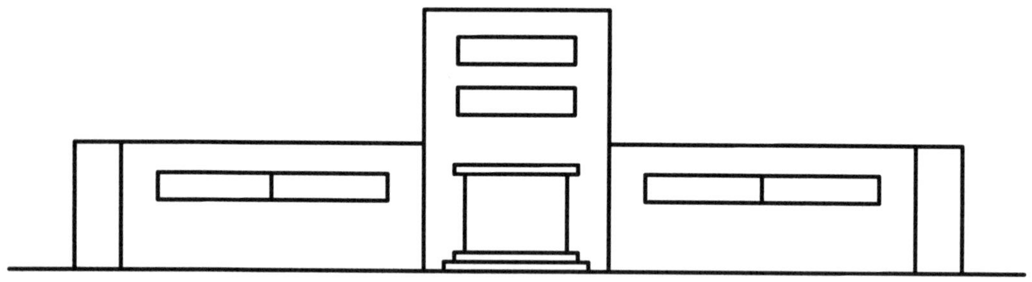

正立面图

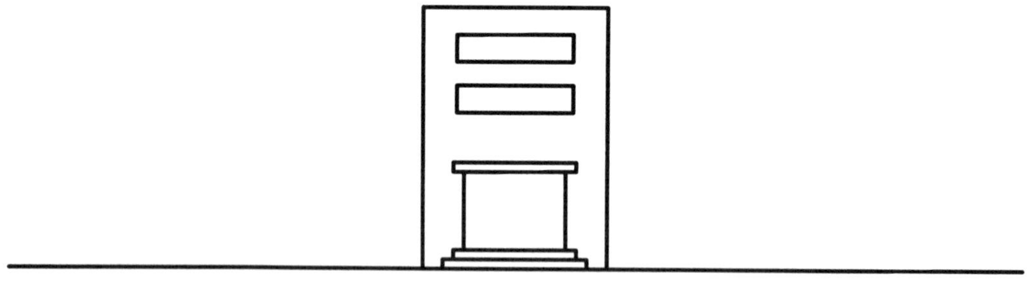

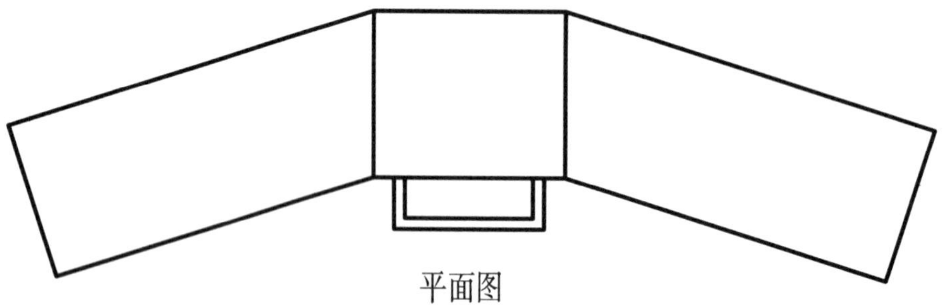

平面图

3. 画出拐角处圆洞门的斜视图(虚线省略不画)，并进行标注。

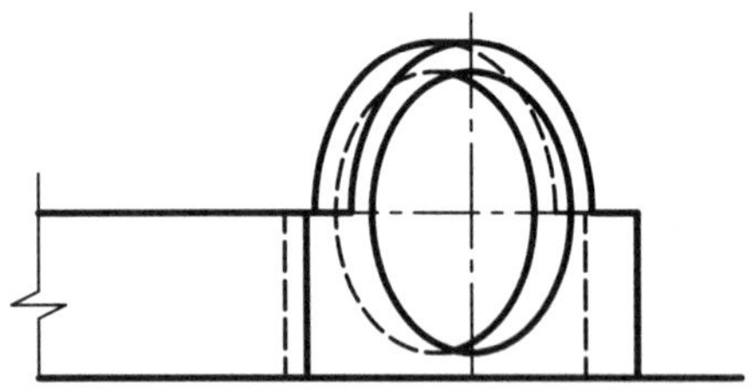

正立面图

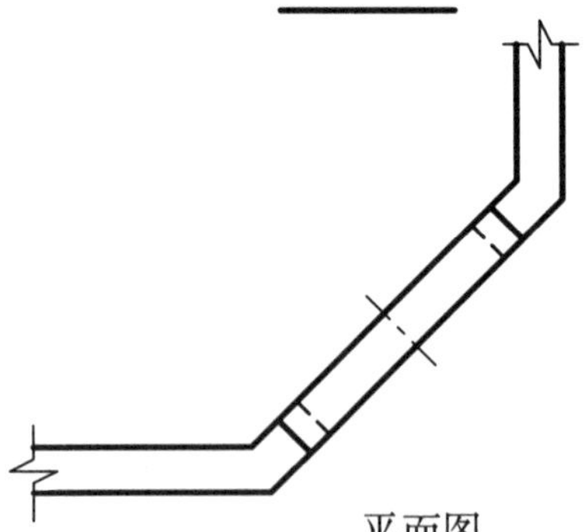

平面图

4. 在右侧的四个图（*a*）、（*b*）、（*c*）、（*d*）中，正确的1—1剖面图是（ ）。

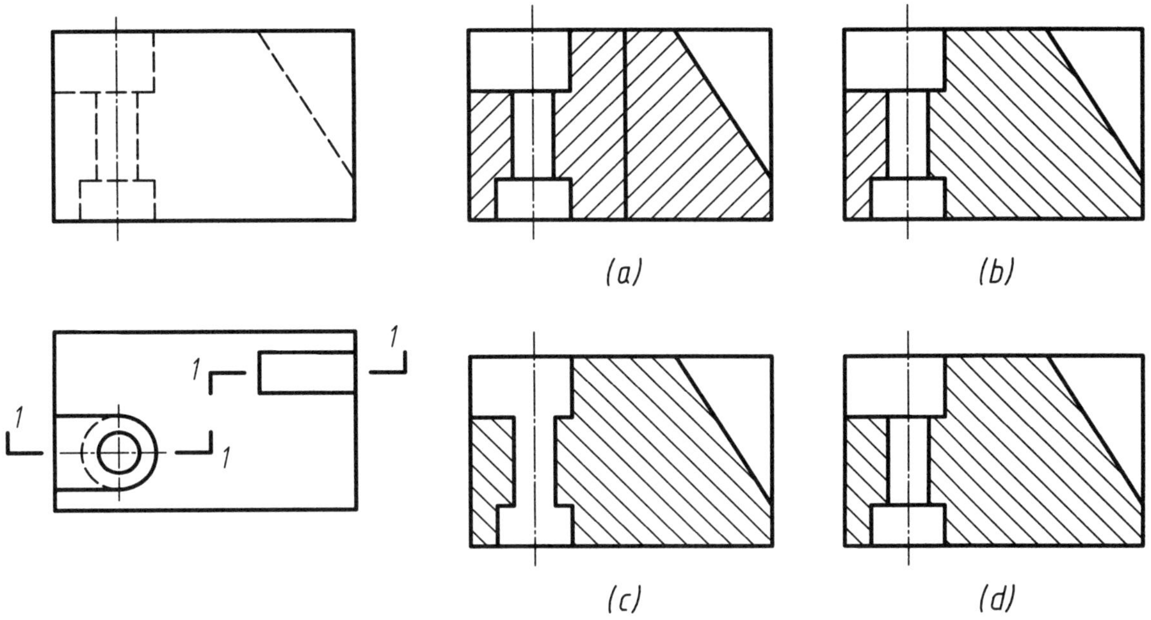

5. 在指定位置画出1—1、2—2剖面图。

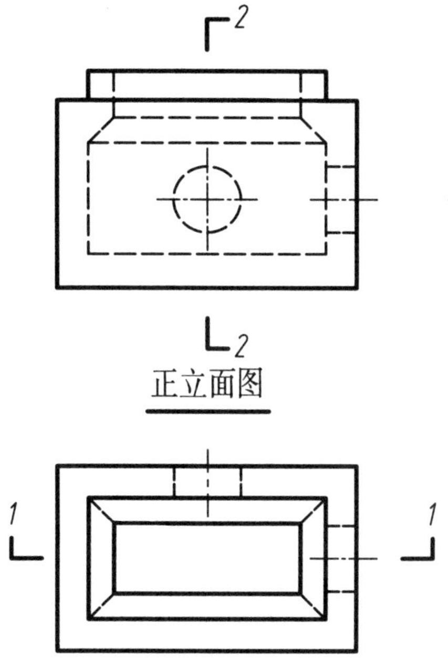

正立面图　　左侧立面图　　1—1剖面图

平面图　　2—2剖面图

6. 在指定位置画出1—1、2—2剖面图。

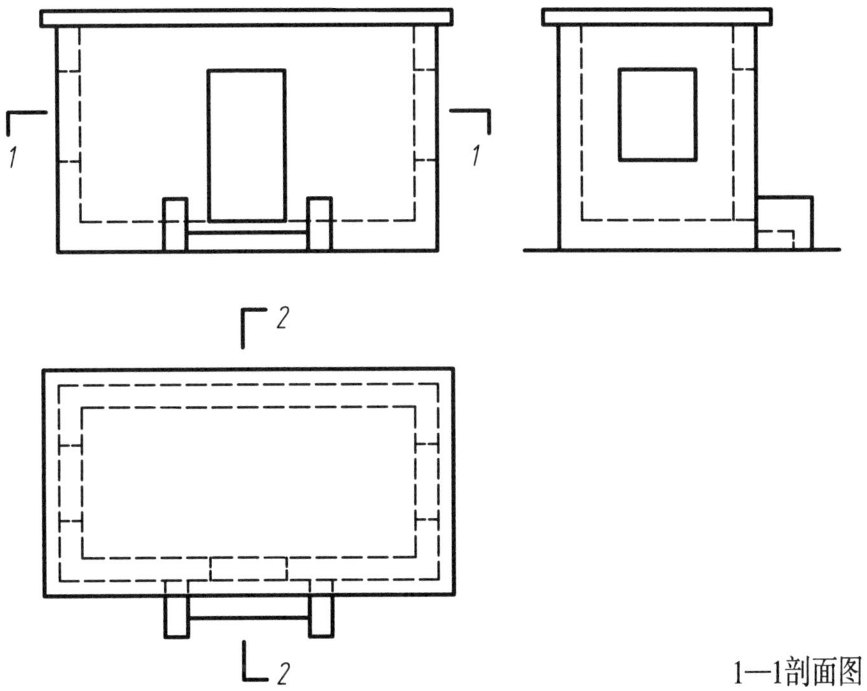

2—2剖面图

1—1剖面图

7. 在指定位置画出1—1剖面图。

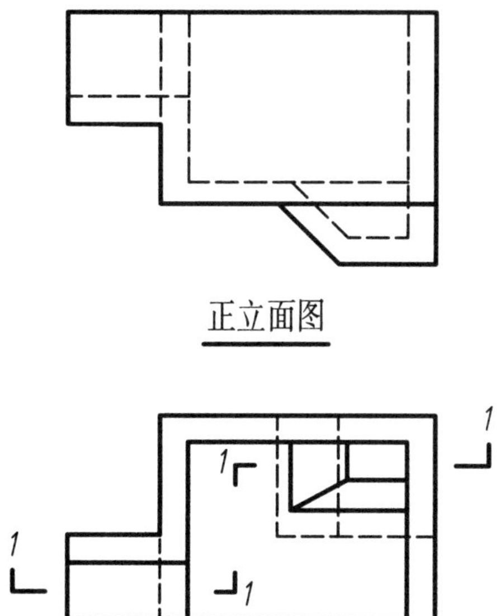

正立面图　　1—1剖面图

平面图

8. 在指定位置画出1—1剖面图。（注：雨篷与台阶平台同宽）

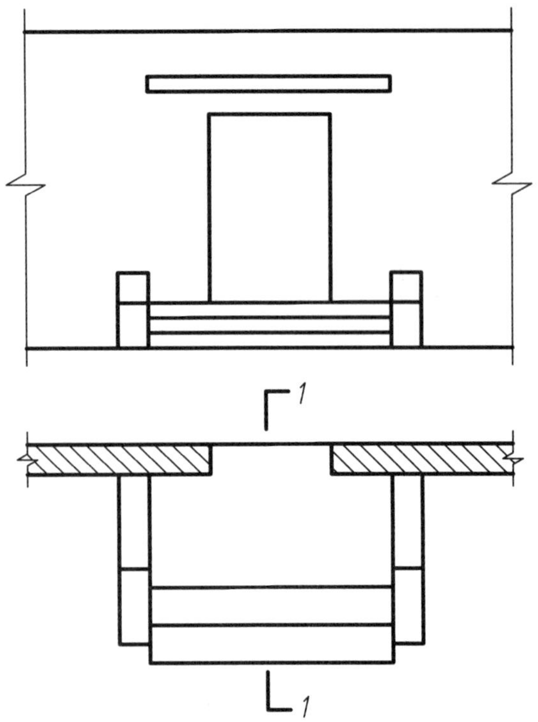

1—1剖面图

9. 分析形体的两面视图，画出2—2剖面图。

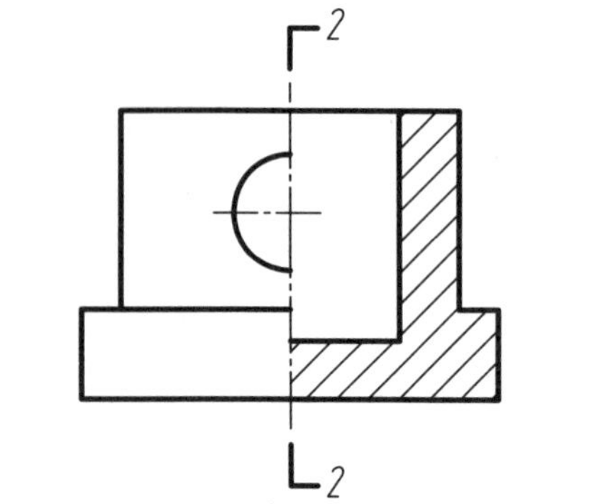

1—1剖面图

2—2剖面图

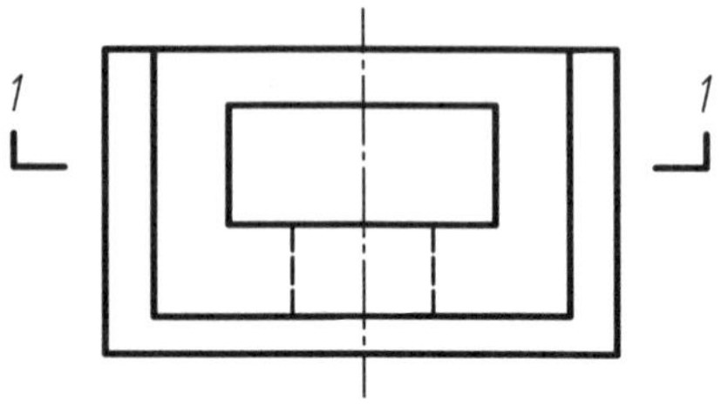

平面图

10. 分析形体的两面视图，画出1—1剖面图。

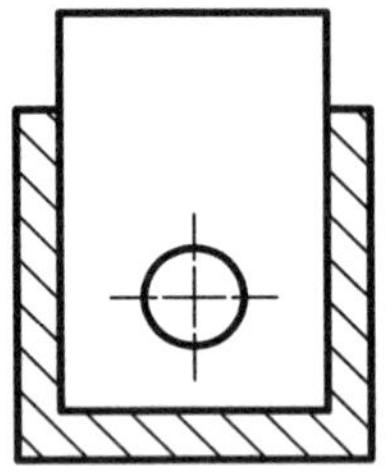

1—1剖面图

2—2剖面图

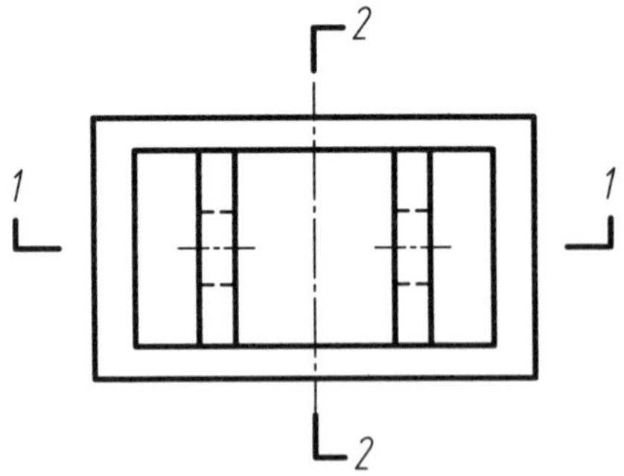

平面图

11. 分析形体的两面视图，画出1—1剖面图。

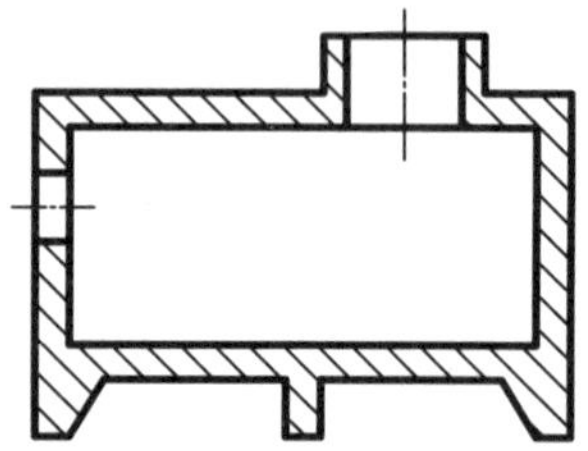

1—1剖面图

2—2剖面图

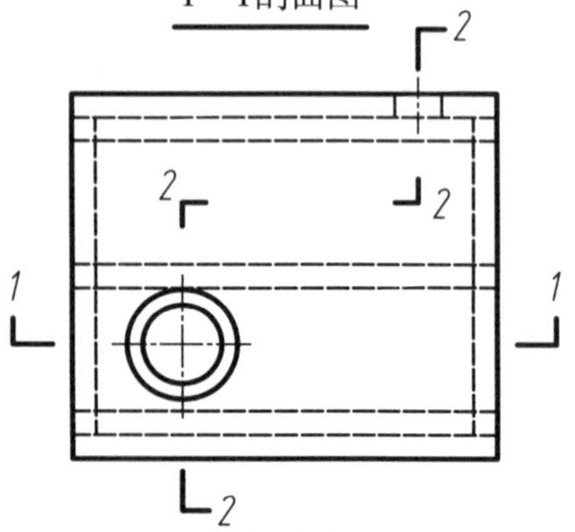

平面图

12. 在指定位置画出1—1剖面图。

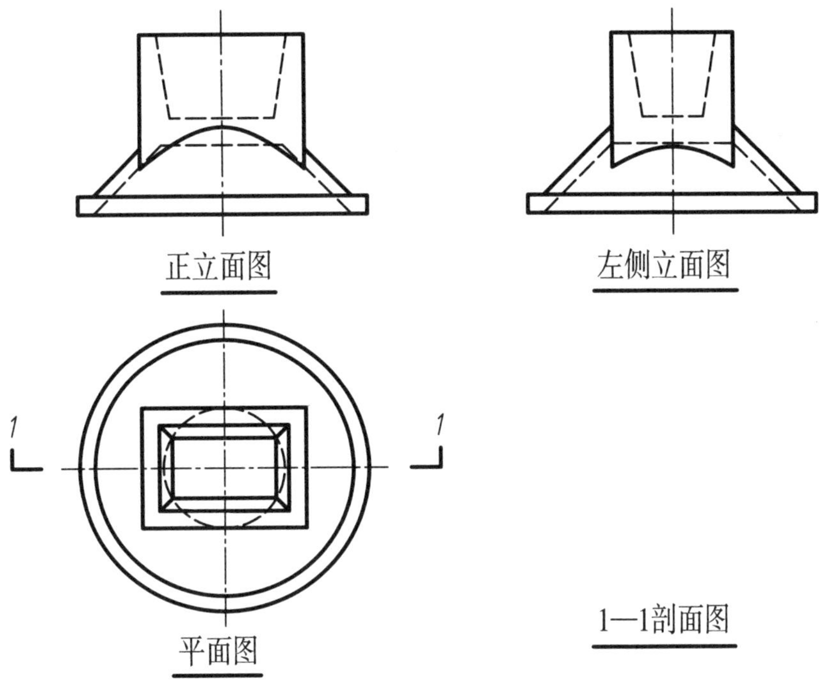

13. 由(a)、(b)、(c)三个平面图分别找出对应的局部剖面图，并将对应的局部剖面图下方编号填入平面图左上角( )内。

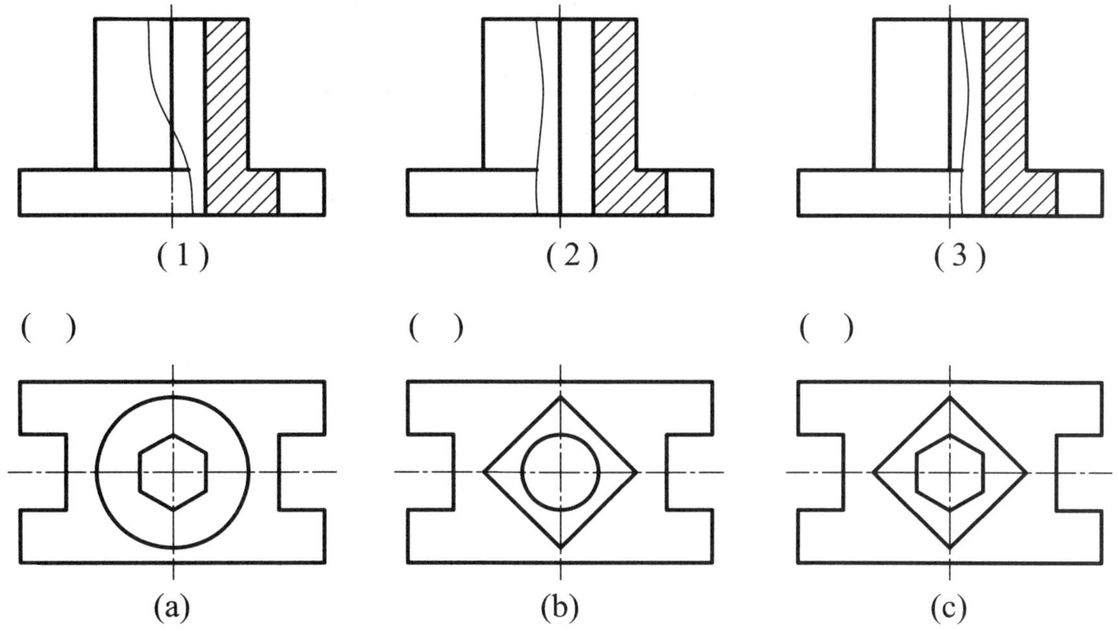

14. 依据所给投影图，在指定位置上作建筑形体的局部剖面图。

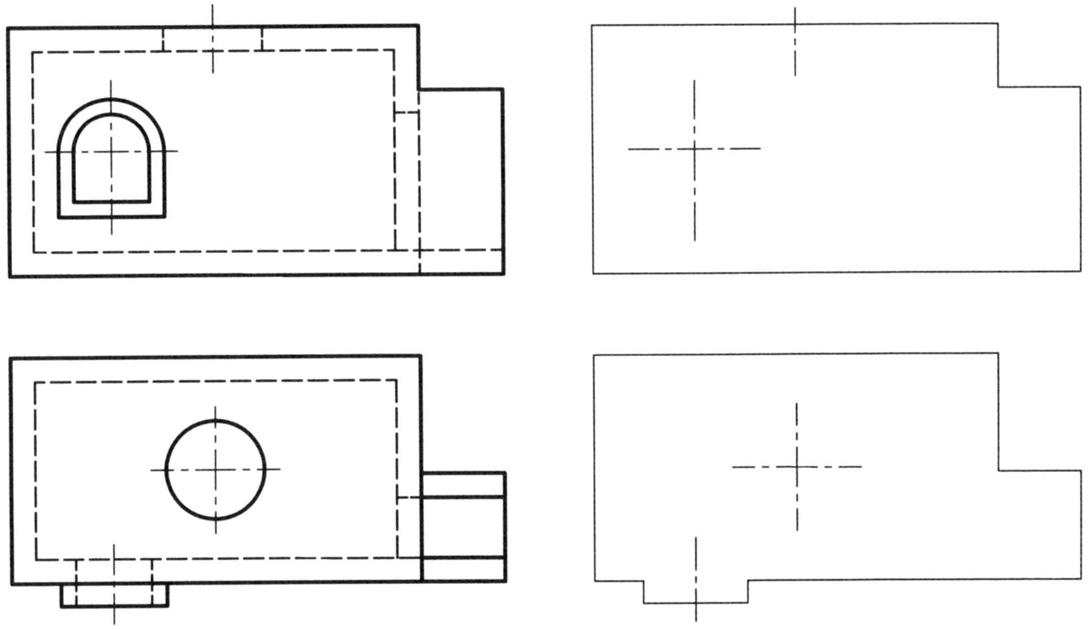

15. 在指定位置画出形体的1—1旋转剖面图。

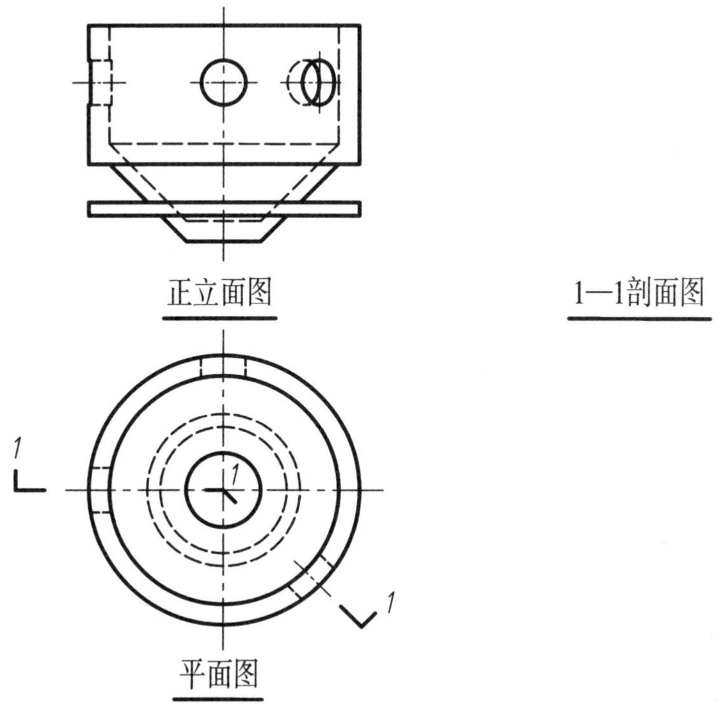

16. 求作形体的1—1断面图、2—2断面图和3—3断面图。

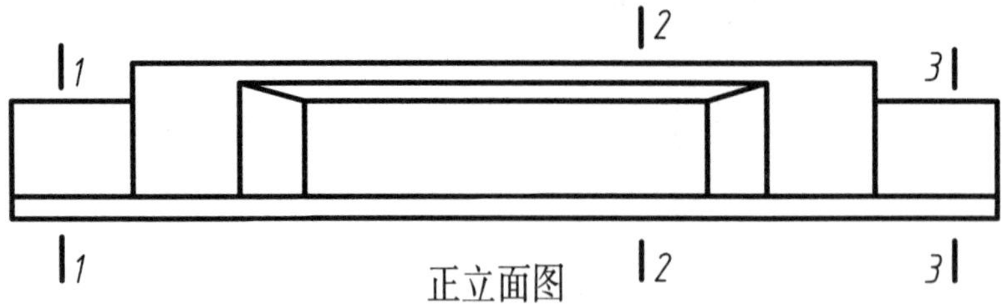

正立面图

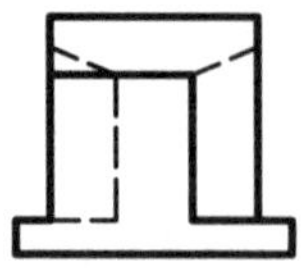

左侧立面图

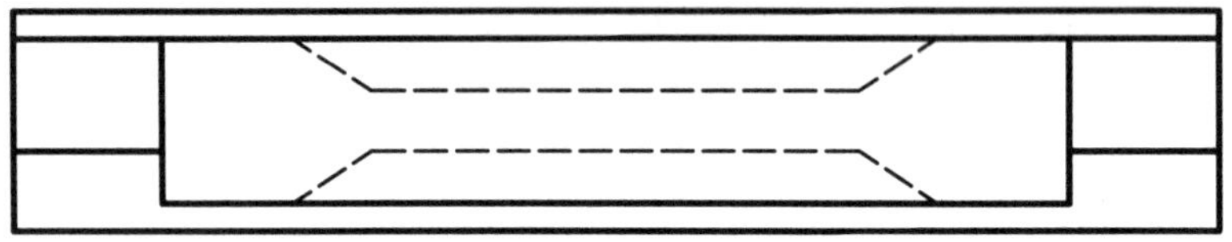

平面图

1—1断面图　　2—2断面图　　3—3断面图

17. 求作钢筋混凝土梁的1—1断面图、2—2剖面图。

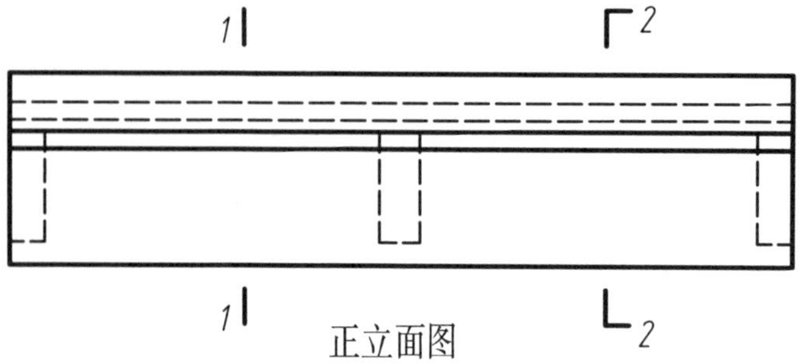

正立面图

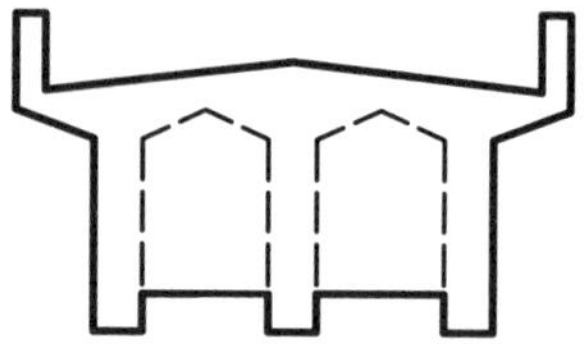

左侧立面图

1—1断面图　　2—2剖面图

18. 求作钢筋混凝土柱的1—1、2—2、3—3、4—4断面图。

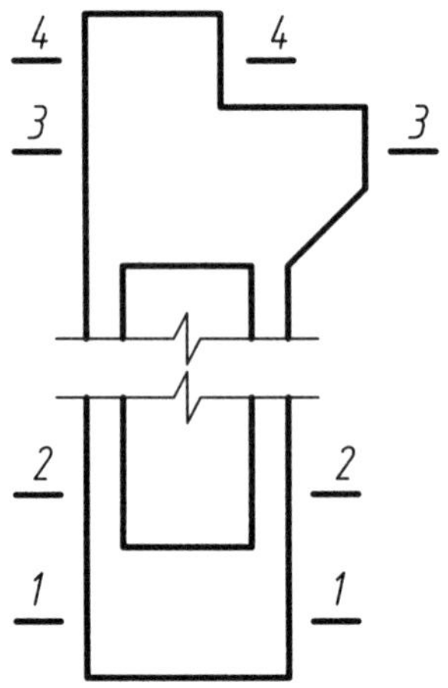

正立面图

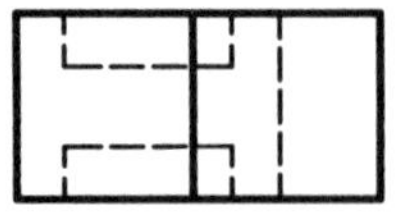

平面图

2—2断面图　　4—4断面图

1—1断面图　　3—3断面图

19. 求作建筑模型屋面梁板的重合断面图。

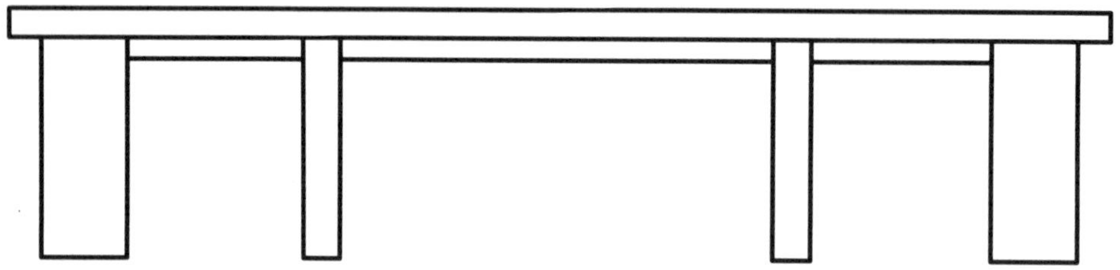

正立面图

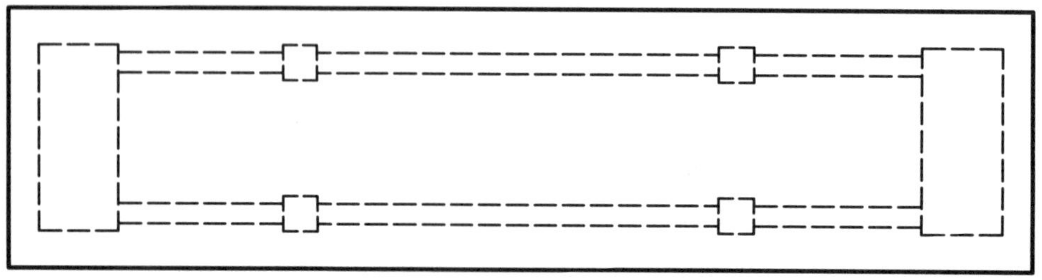

平面图

11-1 建筑施工图的基本知识

一、填空题

1. 房屋按其自身的使用功能、空间组合、外形处理、结构形式、规模大小等特点不同，但房屋组成的基本构件基本相同，通常有____等。

2. 房屋施工图是用来为施工服务的图样，按专业分工不同，可分为__________、__________、__________，其中__________施工图包括水、暖、电施工图。

3. 标高是建筑物高度方向的一种尺寸形式，按参照基准不同，可分为________和 ____________， 其中总平面图中使用的是____________，其他施工图样均采用的是_______________。

4. 凡承重构件均应画定位轴线，并进行轴线编号。轴线编号的规则是____。

5. 总平面图是对建设项目区域所作的俯视投影图。各类建筑物、构筑物、地形、绿化等均采用图例表示。画图时，新建建筑轮廓线采用________绘制；原有建筑物轮廓线采用________绘制；需拆除的建筑或构筑物轮廓线采用____________表示；建筑物的层数采用 ____________或____________表示。

6. 建筑平面图是沿窗台略高一点处所作的水平剖面图。画图时，剖切到的墙体、柱的轮廓线采用________绘制；可见的较大构件轮廓线采用__________绘制，而较小构件采用____________绘制。

7. 建筑立面图是建筑外墙面的外观图。画图时，建筑物外形轮廓线采用___________绘制，外墙面上较大构件轮廓线采用_________绘制，而较小构件轮廓线及大的构件细部采用__________绘制。

8. 建筑详图是建筑平、立剖面图的一种补充图样。其特点是____。

二、简述题

1. 建筑平面图主要表达哪些内容？

2. 建筑立面图主要表达哪些内容？

3. 简述建筑平面图的画图步骤。

4. 简述建筑立面图的画图步骤。

三、单项或多项选择题

1. 符号 $\frac{1}{3}$ 的含义是（　　）。
   A. 1号详图位于编号3的图纸上　B. 位于3号轴线之前的第一根附加轴线
   C. 3号轴线之后的第一根附加轴线　D. 1号详图是从编号3的图纸上索引来的

2. 建筑详图的常用比例为（　　）。
   A. 1∶5、1∶10、1∶50、1∶100　B. 1∶5、1∶10、1∶20、1∶50
   C. 1∶50、1∶100、1∶150、1∶200　D. 1∶100、1∶150、1∶200、1∶500

3. 建筑平面图表达的内容包括（　　　　）。
   A. 建筑的周边地形　B. 房间的平面布置　C. 楼梯、阳台、台阶等附属设施
   D. 等高线　E. 外墙面装饰　F. 墙体上门窗位置　G. 定位轴线及编号

4. 在双跑楼梯底层平面图中，应表达的内容包括（　　　　）。
   A. 休息平台　B. 第一梯段　C. 第二梯段　D. 二层楼面　E. 底层楼面

5. 在建筑立面图中，用“中实线”表示的部分包括（　　　　）。
   A. 外墙轮廓线　B. 阳台轮廓线　C. 门窗洞口　D. 墙面引条线　E. 台阶
   F. 勒脚　G. 门窗细部　H. 凹凸墙面线　I. 雨篷　J. 室外地平线

11-2 某房屋底层平面图如下所示，已知门厅、管理室、理发室的地面标高为±0.000，更衣室、淋浴间、卫生间等房间比门厅低20 mm，室外台阶平台比门厅低20 mm。

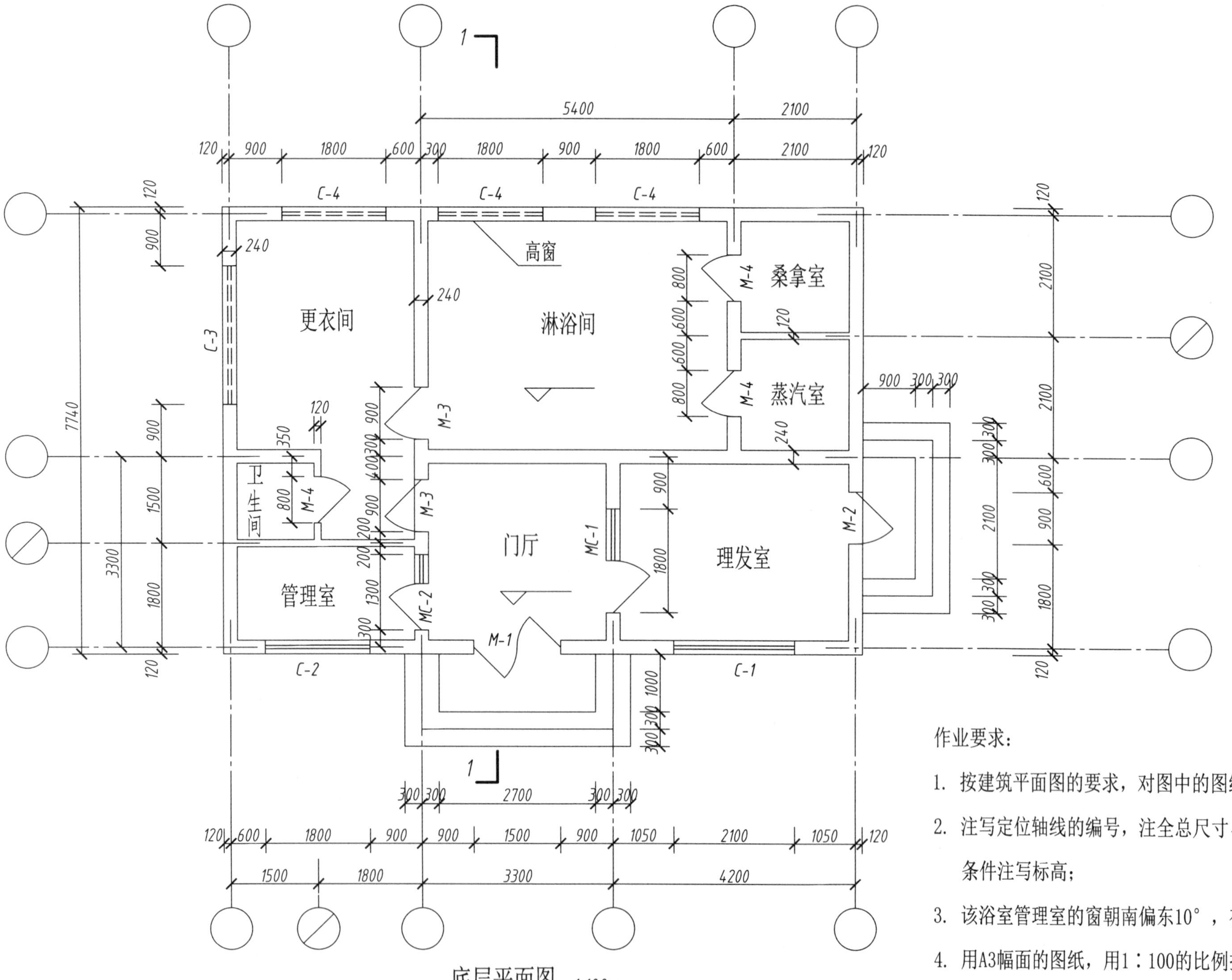

底层平面图 1:100

作业要求：

1. 按建筑平面图的要求，对图中的图线按规定线型和线宽用铅笔加粗；
2. 注写定位轴线的编号，注全总尺寸、轴线尺寸和细部尺寸，并按已知条件注写标高；
3. 该浴室管理室的窗朝南偏东10°，在平面图的左下角画出指北针；
4. 用A3幅面的图纸，用1∶100的比例抄绘此平面图，图名为底层平面图。

11-3 阅读某住宅的平面图、立面图、剖面图和建筑详图（P51—P56），并完成以下作业。

一、完成填空练习。

二、在A3图纸上，用比例1：100画出⑥—①立面图。

三、在A3图纸上，用比例1：100画出2—2剖视图。

四、补画二层楼梯平面图及尺寸标注。

1. 一层的墙体有_____种厚度，其尺寸分别是________________________。

2. 墙中涂黑的部分表示____________柱，共有___________根。

3. 一层室内地面的标高有____种，每种标高值及其所属房间是________

____

____。

4. 住宅①—⑥立面上的门窗种类有________________________________。

5. 1—1剖视图中可见的门为________________。被剖切到的门有_____种，

编号是____________________________________。

6. 住宅的层高是_________m。

7. 欲了解楼梯步级和栏杆详细情况，应查阅__________________________。

8. 由北入口外墙剖面节点详图可知楼面的做法是____________________

____

____

____

9. 欲了解南大门台阶的构造做法，应查阅_________________________

____

10. 住宅墙上窗台距室内楼地面高度为____________m。

11. 露台上栏杆的高度为____________m。

12. 住宅车库的开间尺寸和进深尺寸分别为__________、__________m。

13. 住宅楼梯的第一梯段为______级，第二梯段为______级；

踏面宽为________mm，踢面高为________mm。

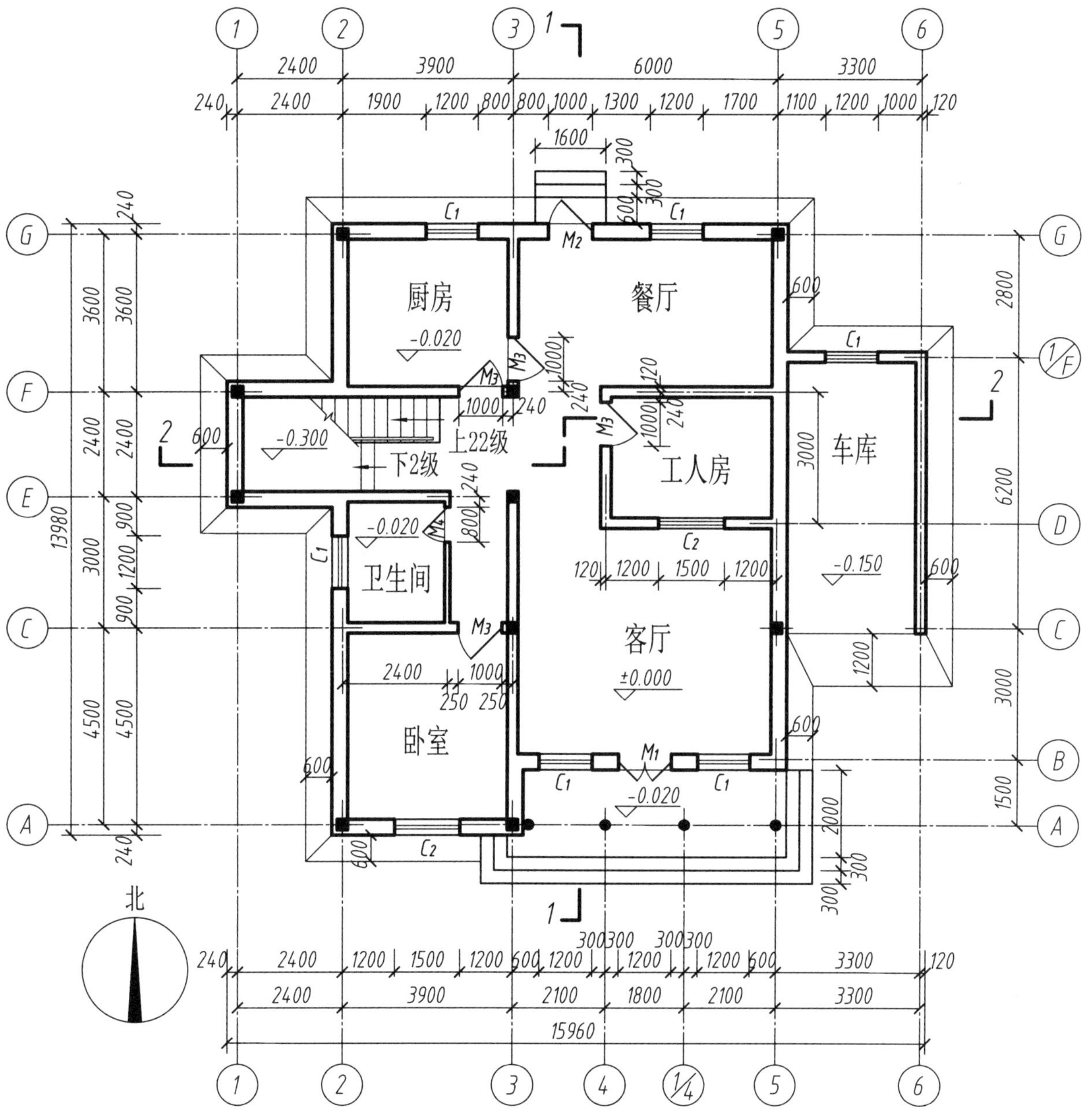

底层平面图 1:100

11-3（续）建筑平面图

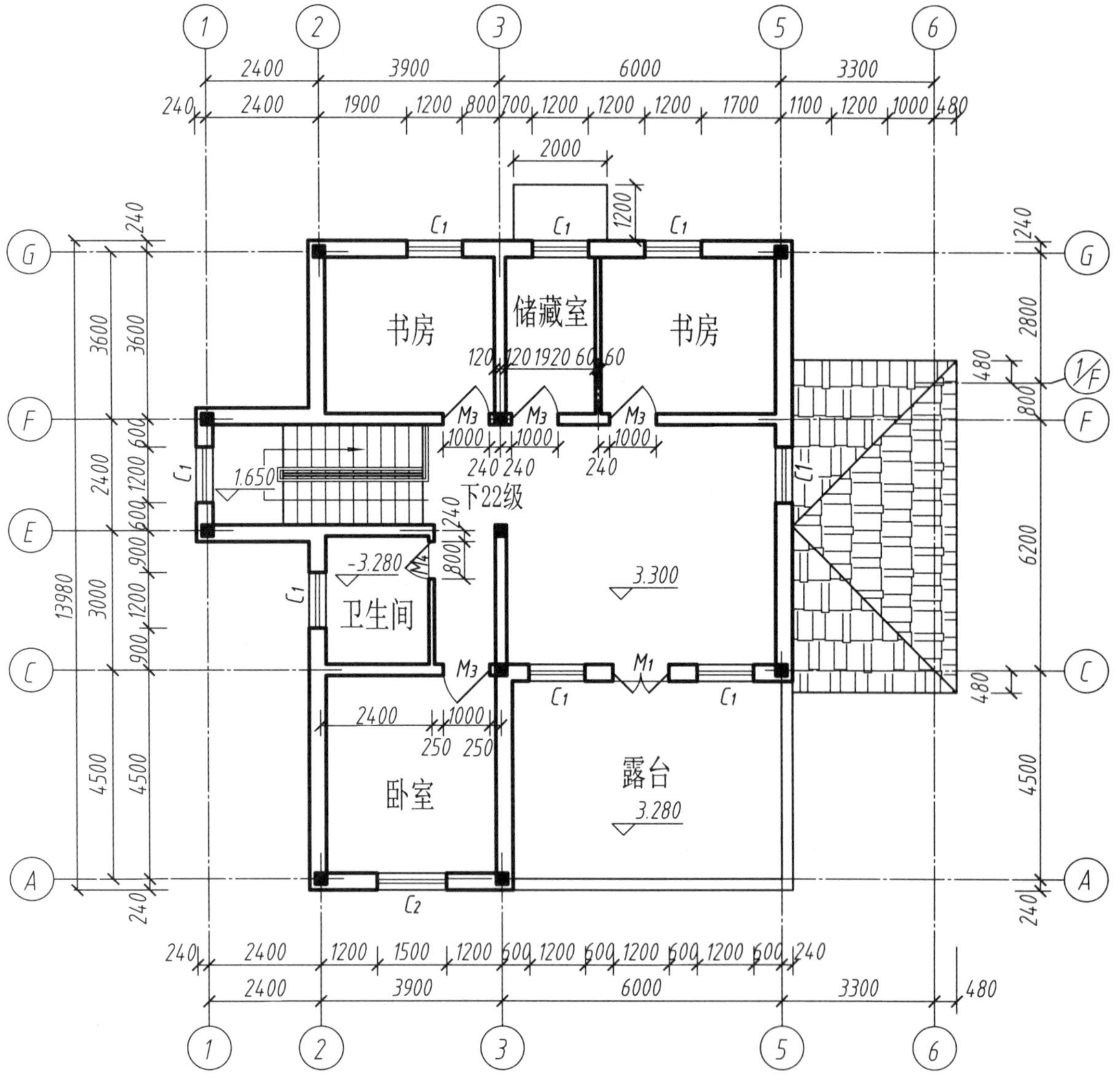

二层平面图 1:100

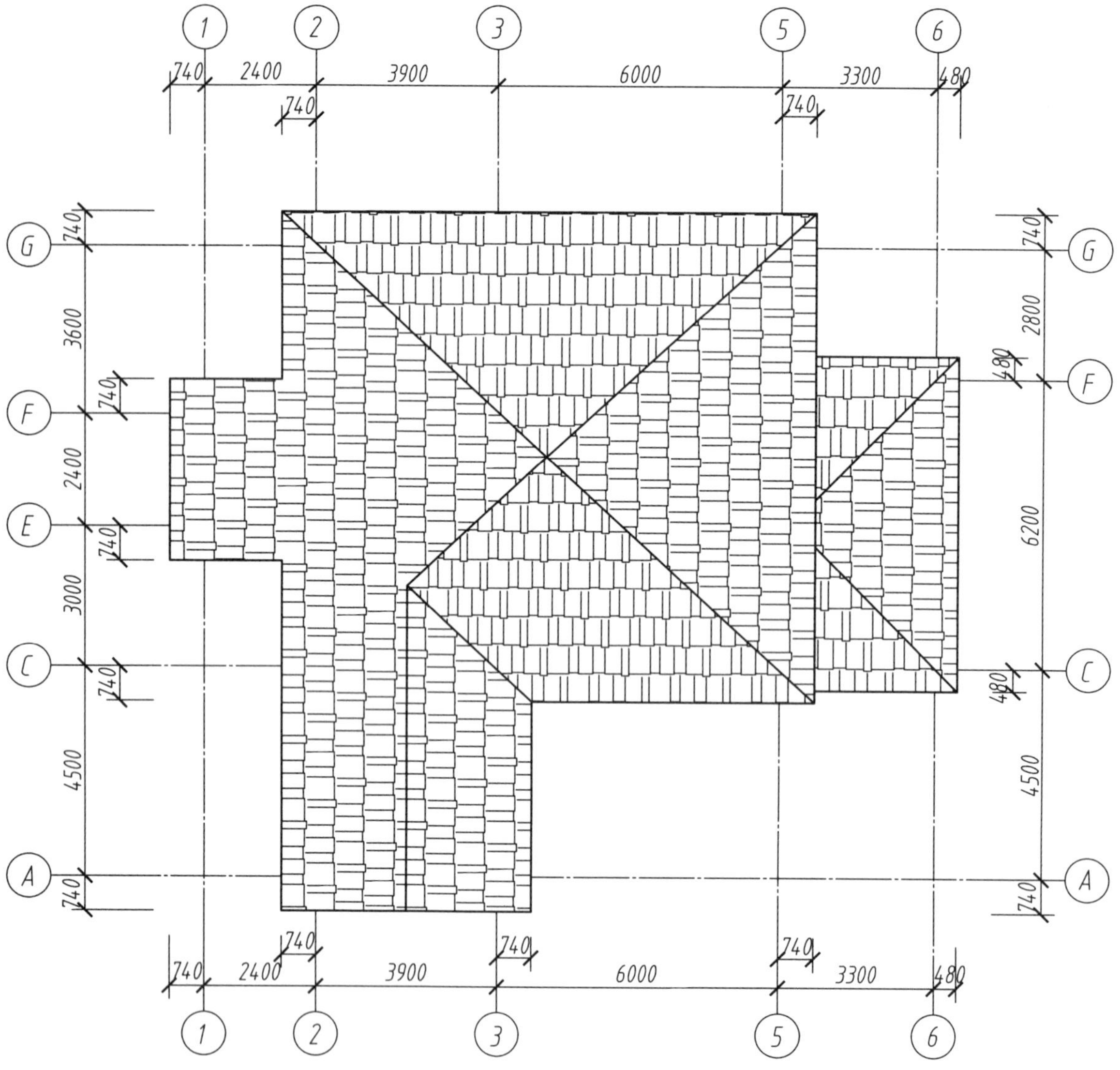

屋顶平面图 1:100

11-3（续）建筑立面图

①-⑥立面图 1:100

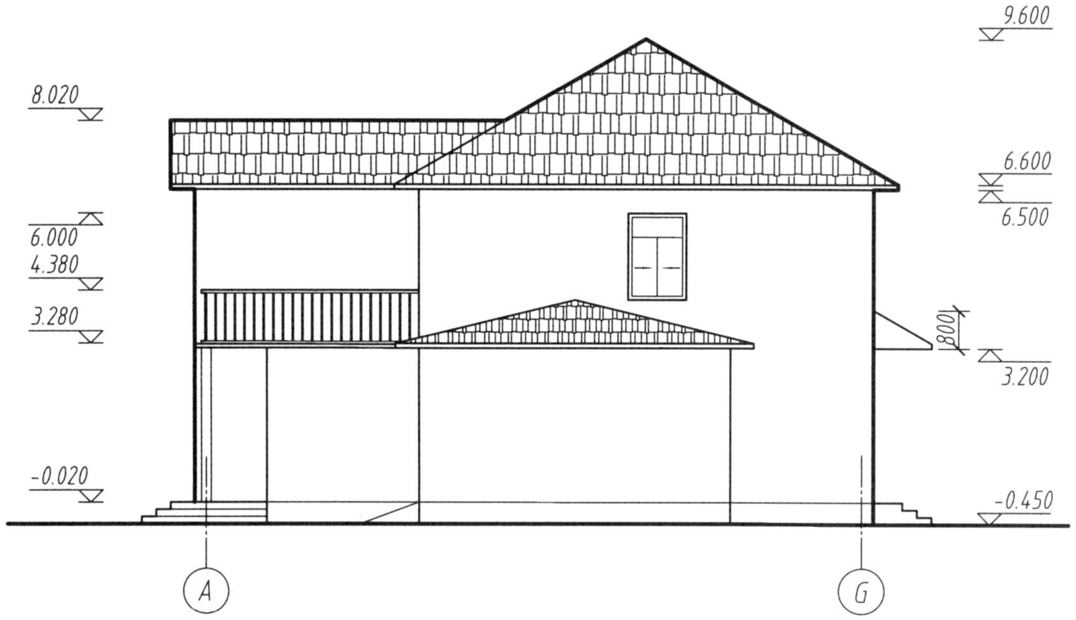

Ⓐ-Ⓖ立面图 1:100

⑥-①立面图 1:100

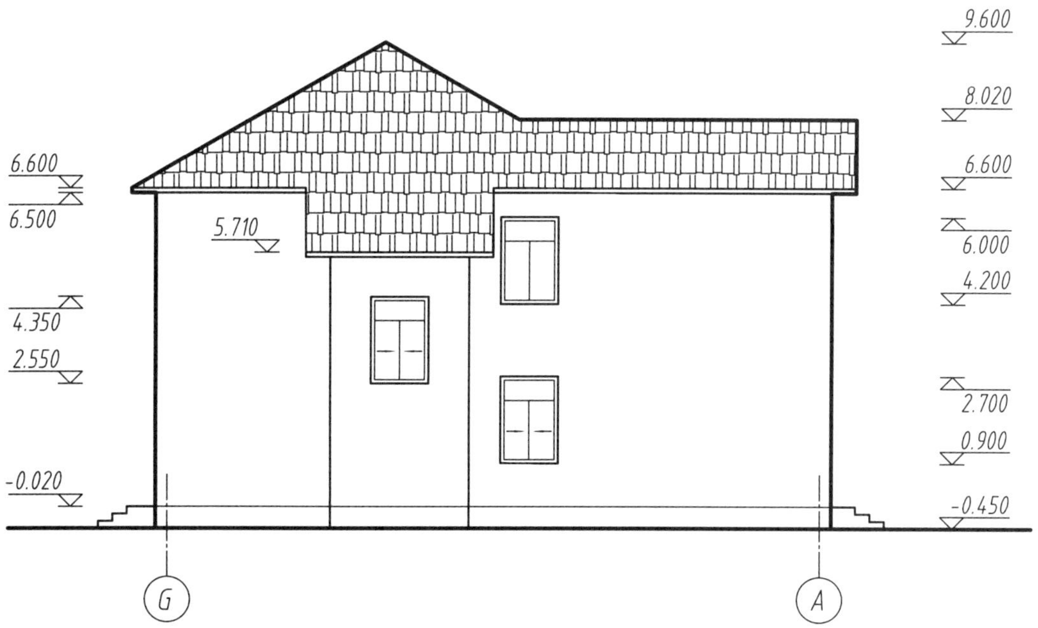

Ⓖ-Ⓐ立面图 1:100

11-3（续）建筑剖面图

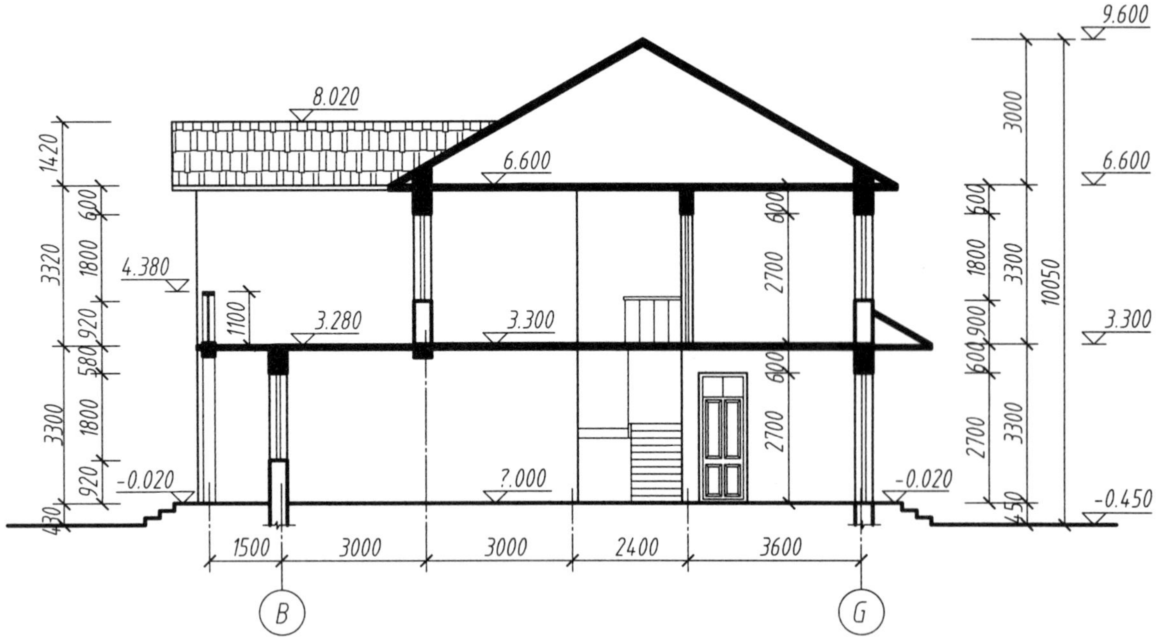

1—1剖面图 1:100

2-2剖面图 1:100

11-3（续）楼梯详图

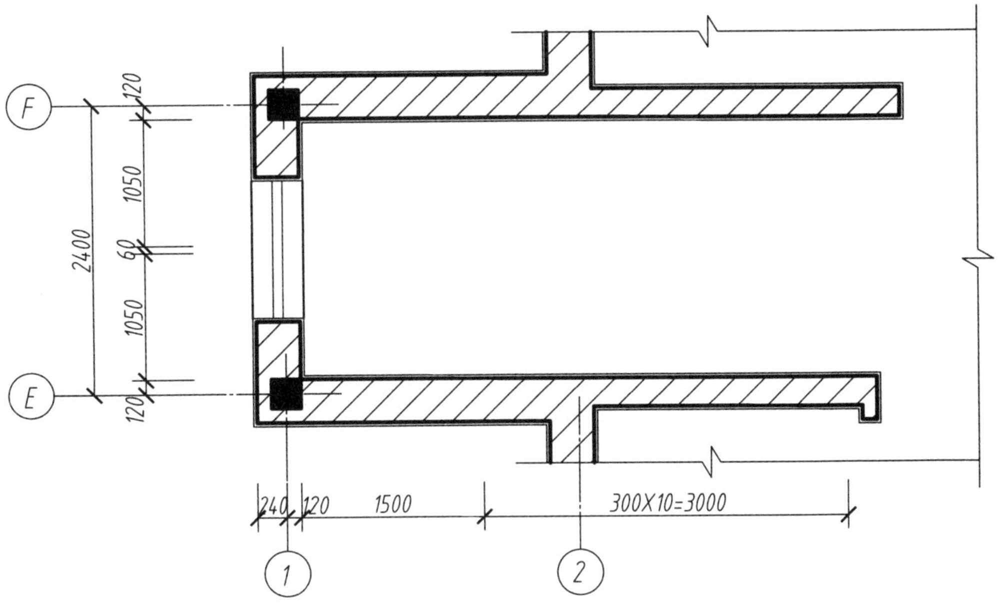

二层平面图 1:50

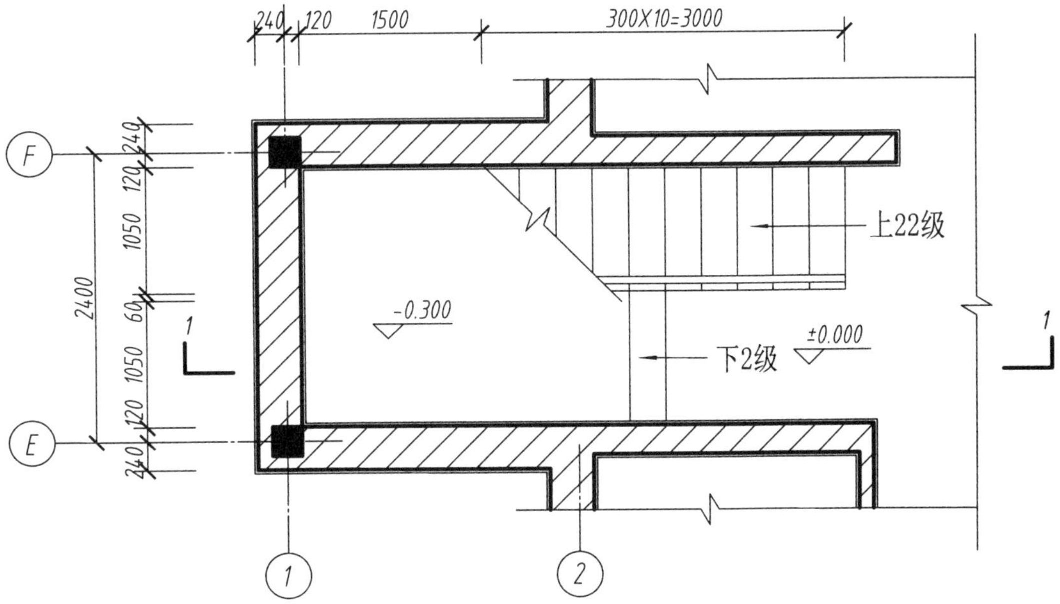

一层平面图 1:50

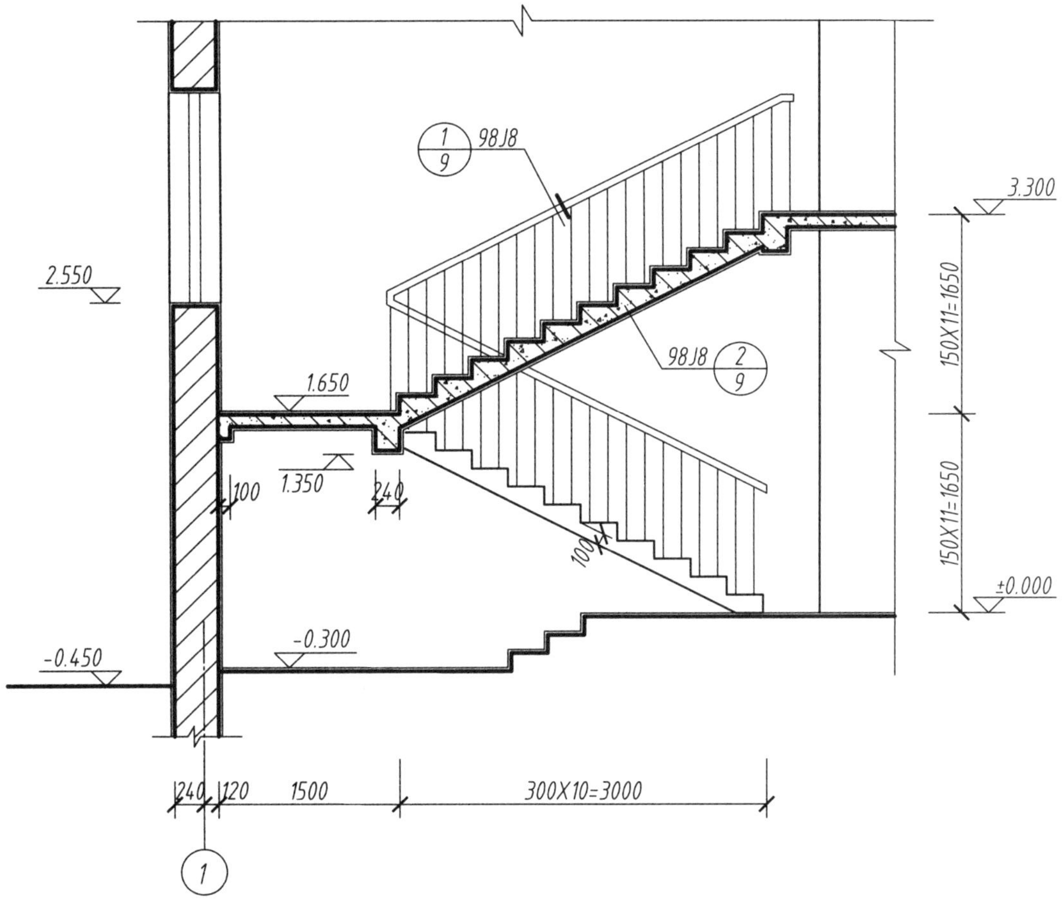

1—1剖面图 1:50

11-3（续）详图

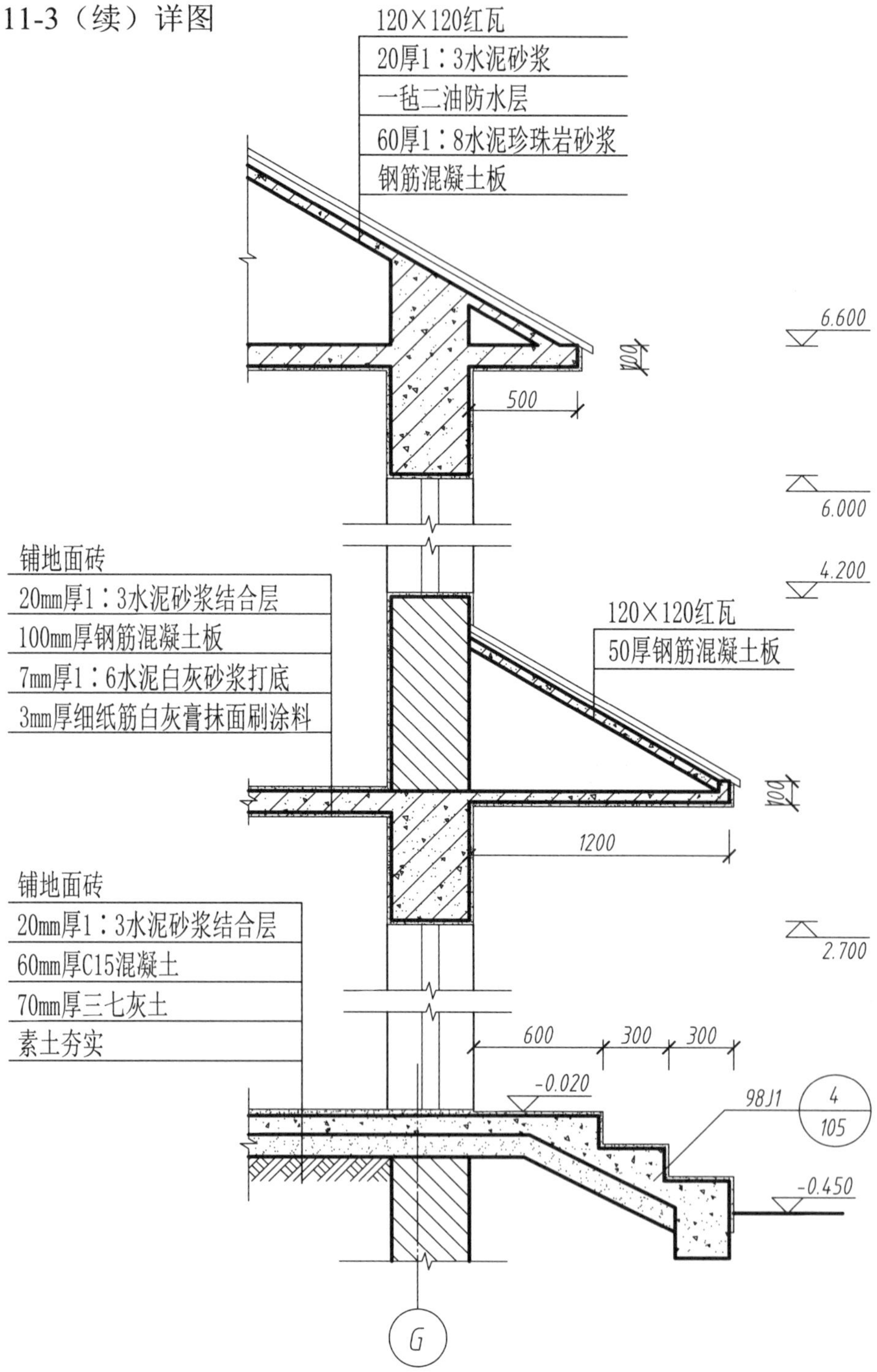

北入口外墙剖面节点详图 1:20

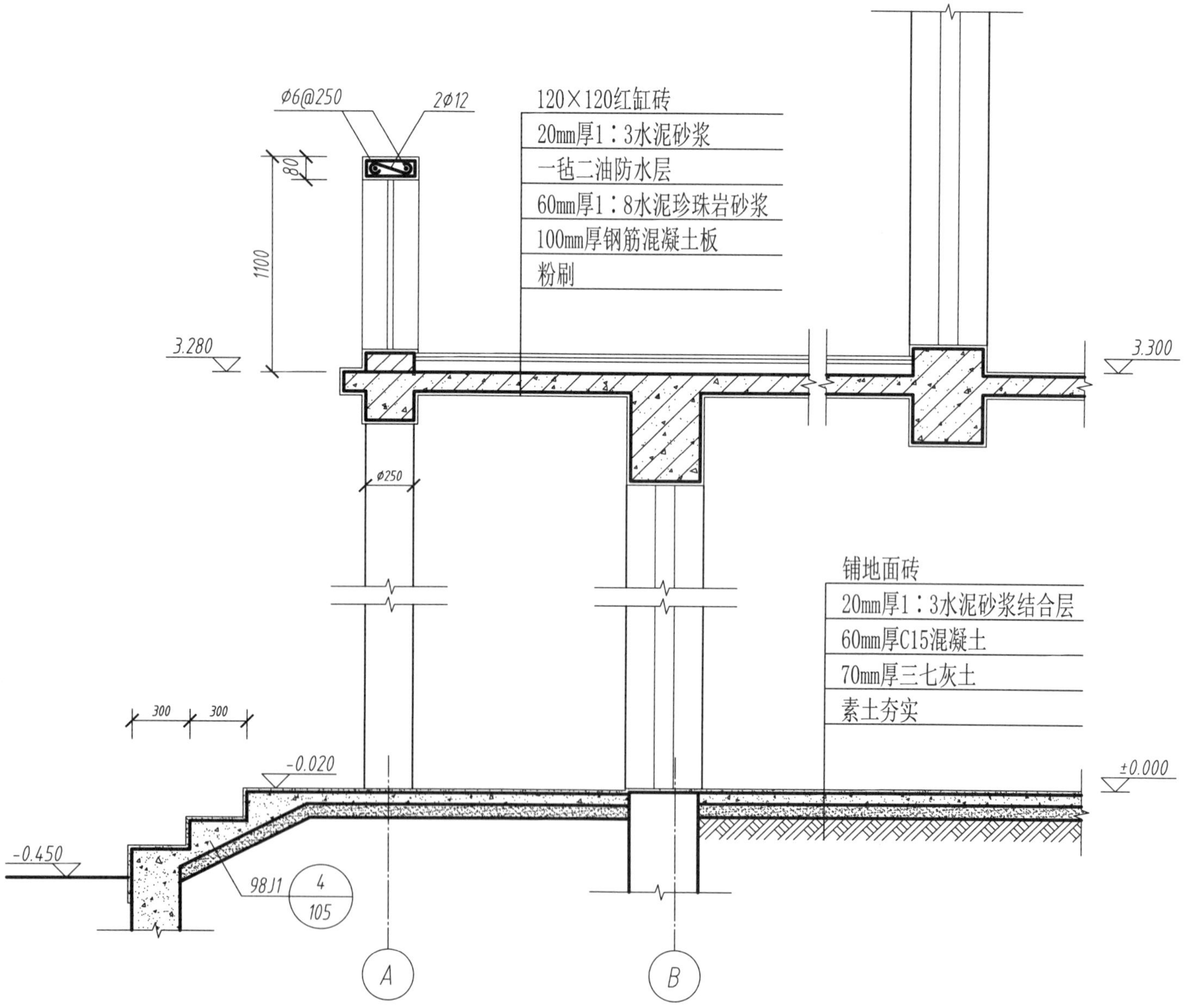

南大门入口、露台节点详图 1:20

11-4 根据所给的楼梯平面图，补全楼梯1—1剖面图，并添加钢筋混凝土材料图例。

注：1. 底层至二层的步级总数为18级，与二层至三层的步级总数相同；

2. 台阶尺寸与楼梯步级尺寸相同。

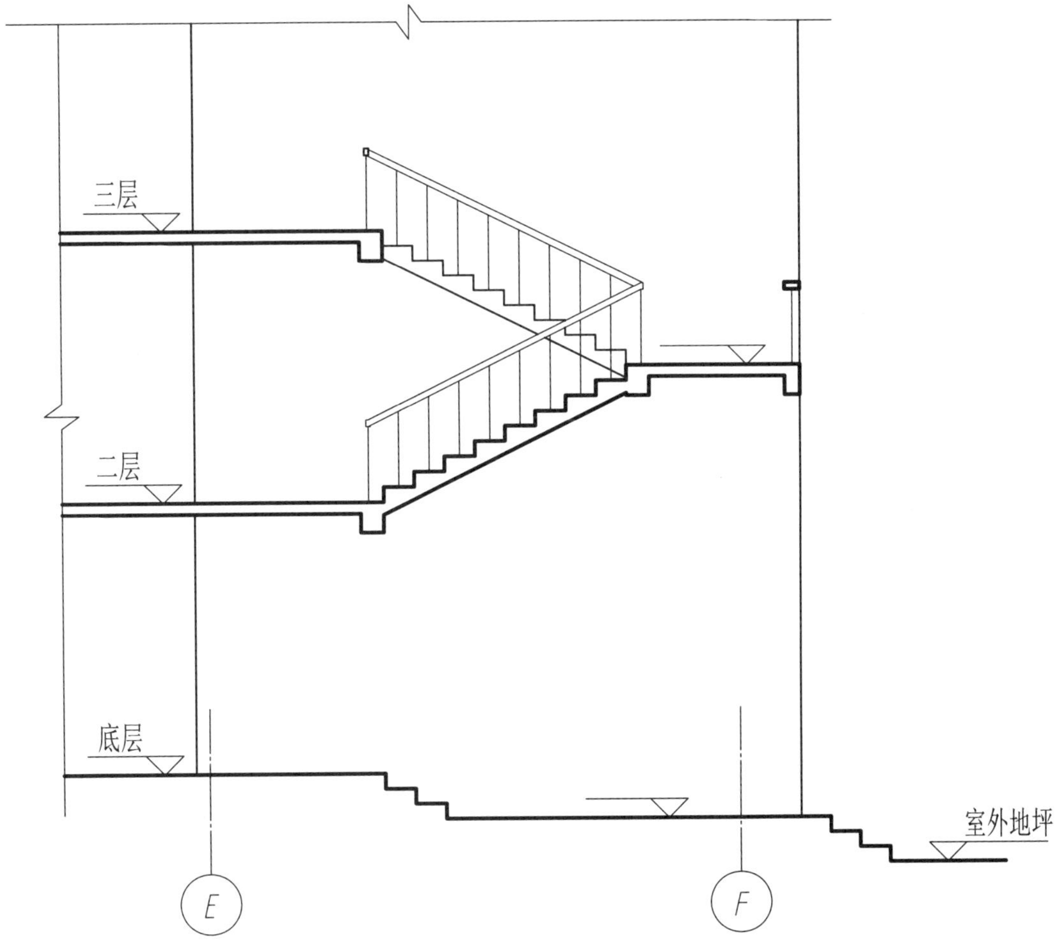

1-1剖面图

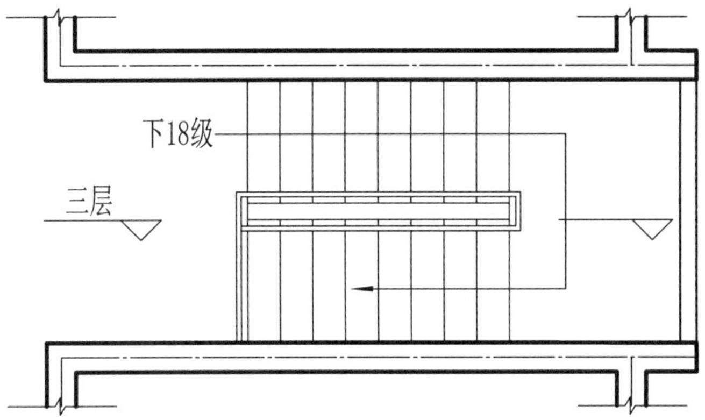

三层平面图

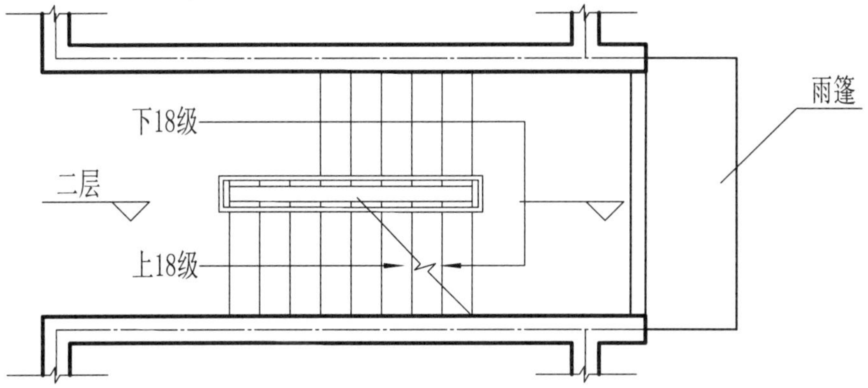

二层平面图

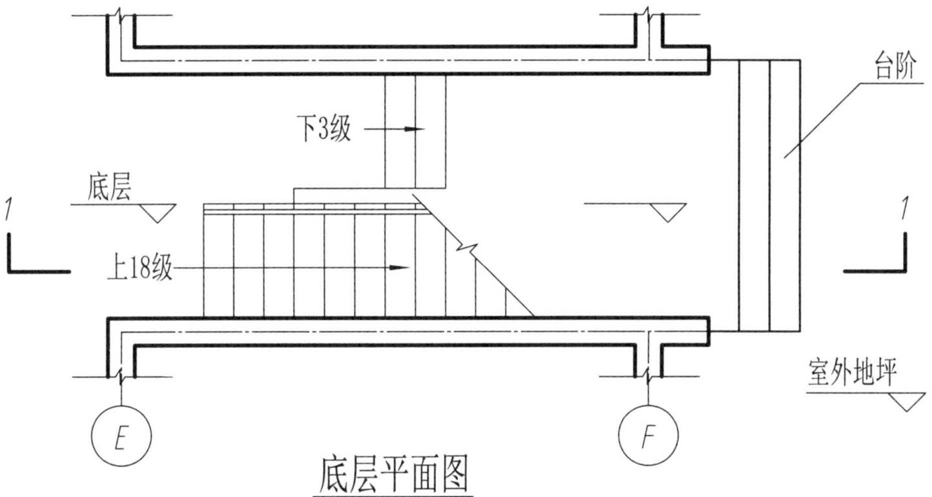

底层平面图

12-1 结构施工图的基本知识

一. 填空题

1. 结构施工图是由______________、______________和______________组成的。

2. 以下常用构件的代号名称为：B代表______，TB代表______， WB代表________，JL代表_________， YP代表_________， QL代表_________， GL代表________，KL代表____________， KZ代表______________。

3. 钢筋混凝土构件梁、板内的钢筋，按其所起的作用给予不同的名称：在梁内通常有__________、__________、__________；板内有_________、__________。

4. 钢筋按其强度和品种分成不同的等级，并以钢筋符号来表示。其中：HPB300、HRB335、 HRB400、RRB400 分别用______、______、______、______表示。

5. 钢筋的保护层是指____。

6. 在钢筋混凝土构件详图中，钢筋用________表示，钢筋断面用________表示，而构件的外轮廓线用___________表示。

7. 在钢筋混凝土结构图中，光圆钢筋的端部通常设置成弯钩，其中：直钩和半圆形弯钩的设计长度分别为________d 和________d（其中，d为钢筋的直径）。

8. 在条形基础平面图中，一般只画出____________和____________的轮廓线，而基础的____________通常省略不画，而是通过绘制基础详图来进行表达。

二、简述题

1. 钢筋混凝土构件图中，钢筋的注写方式有哪几种？

2. 楼层结构平面图主要表达哪些内容？

3. 简述预应力钢筋混凝土空心预制板“6-YKB-42-5-3”中各符号的含义。

4. 简述现浇钢筋混凝土板配筋图中，上、下层钢筋的表示方法。

三、单选题或多选题

1. 在钢筋混凝土构件图中，钢筋编号圆圈直径为（　　　）。

A. 6 mm　B. 8 mm　C. 10 mm　D. 14 mm　E. 24 mm

2. 在楼层结构平面布置图中，用粗虚线表示的有（　　　）。

A. 楼板线　B. 墙体线　C. 圈梁　D. 雨棚　E. 指引线　F. 钢筋

3. 在结构平面布置图中，符号“GL(2.400)”含义是（　　　）。

A. 过梁梁长2.400 m　B. 过梁梁顶标高2.400 m
C. 过梁梁底标高2.400 m　D. 过梁梁重2.400 kg

4. 在结构施工图中，构件代号“YTB” 表示（　　　）。

A. 预制板　B. 预应力空心板　C. 阳台板　D. 雨篷板　E. 现浇板

5. 楼层结构平面图的剖切位置在该层的（　　　）。

A. 楼面处　B. 窗台上　C. 楼板下　D. 窗洞上

6. 如图所示，计算③钢筋的设计长度（　　　）。

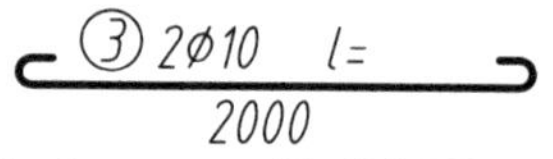

A. 2000 mm　B. 2042.5 mm　C. 2085 mm　D. 2062.6 mm　E. 2125 mm

7. 房屋结构施工图包括（　　　　　　）。

A. 结构设计说明　B. 基础图　C. 装修图　D. 构件详图　E. 建筑详图
F. 结构平面图

8. 在钢筋混凝土构件图中，用“细实线”表示的内容有（　　　　　　）。

A. 定位轴线　B. 尺寸线　C. 构件轮廓线　D. 受力钢筋
E. 钢筋标注指引线　F. 钢筋

12-2 在A3图纸上，绘制钢筋混凝土梁的构件图。

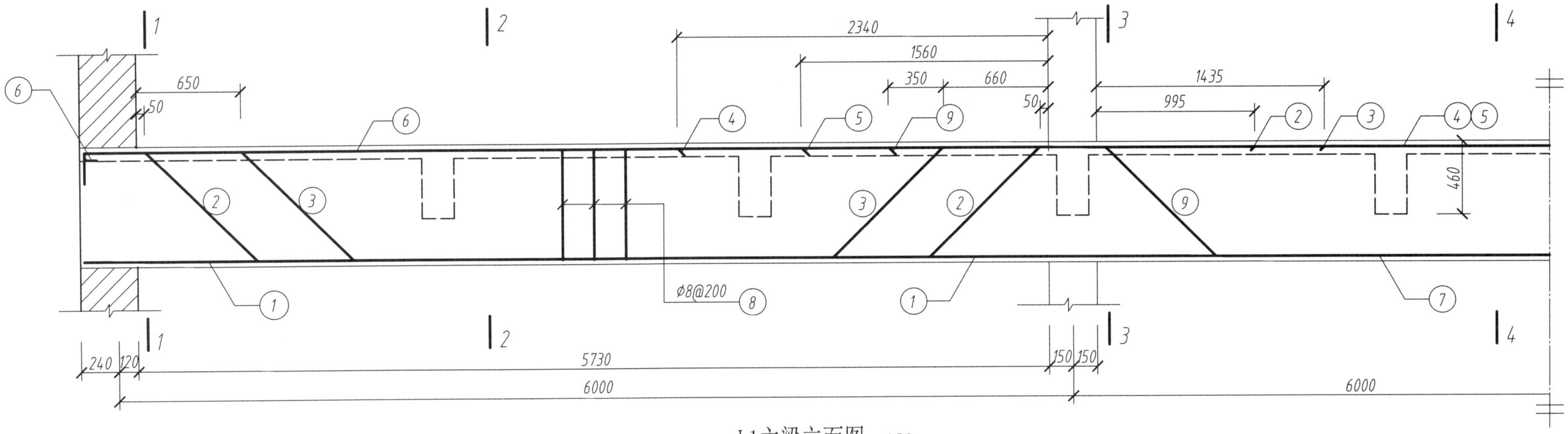

L1主梁立面图 1:30

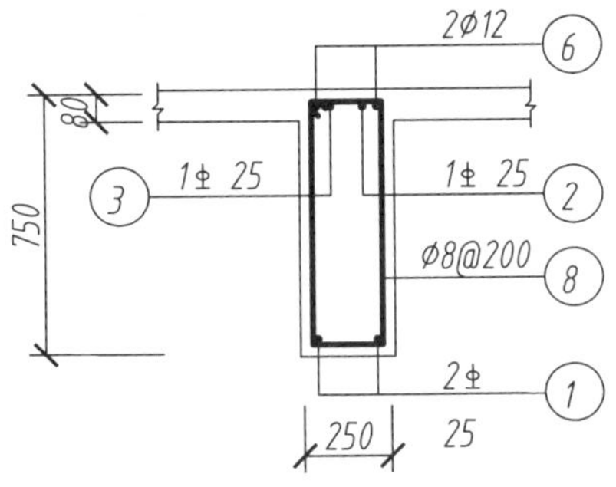

1-1 1:20

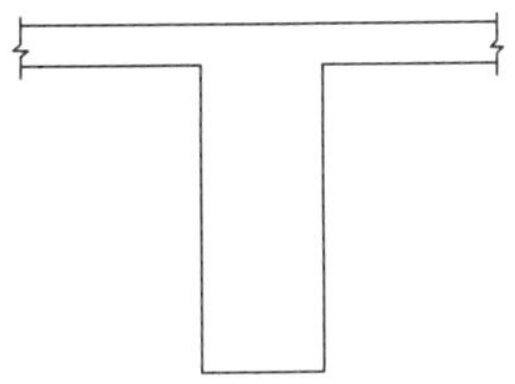

2-2 1:20

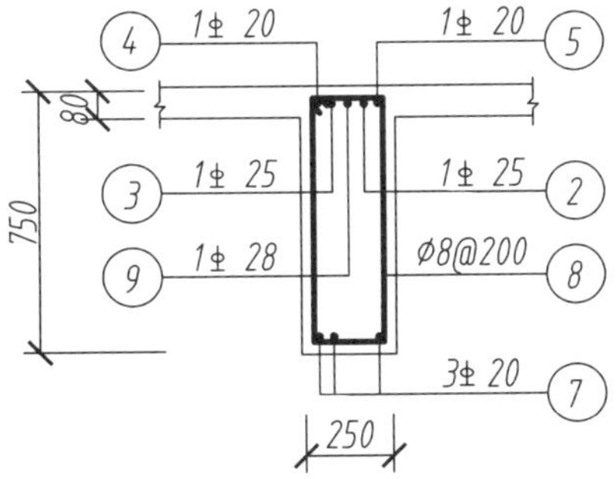

3-3 1:20

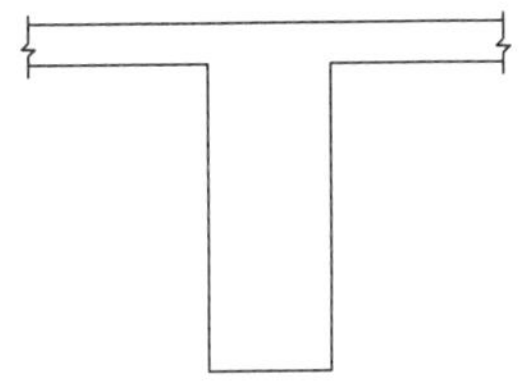

4-4 1:20

钢筋表

构件	编号	简图	直径	单根长(mm)	根数	总长(m)
L1主梁	1	6400	⌀25	6400	4	25.60
	2	200 395 990 4230 990 1350	⌀25	8155	2	16.31
	3	200 1000 990 3020 990 2390	⌀25	8590	2	17.18
	4	11070	⌀20	11070	1	11.07
	5	9510	⌀20	9510	1	79.51
	6	6540	Φ12	6540	4	26.16
	7	6390	⌀20	6390	3	19.17
	8	700 200	Φ8	1900	94	178.6
	9	1360 990 4200 990 1360	⌀28	8900	1	8.90

12-3 在A3图纸上，抄绘1∶100基础平面图，并依据基础通用详图，以1∶20比例绘制J-2、J-4的基础详图。

说明：1. 若为内墙，两边都是室内地面线（±0.000）；若为外墙，一边是室内地面线，一边是室外地坪线（−0.450），左右两侧中哪一侧为室外地坪，视实际情况而定。

2. 基础J-4两轴线之间距离为1140 mm，为此合二为一，中间基础部分不放坡，两边以轴线为准，各放出600 mm，基础宽则为600+1140+600=2340 mm，基础高、放坡及埋设深度均同基础通用详图。由于J-4同时承受两堵墙传来的荷载，在两轴线之间基础的上部放置受力筋 8@200，分布筋则与基础下部的分布筋相同。

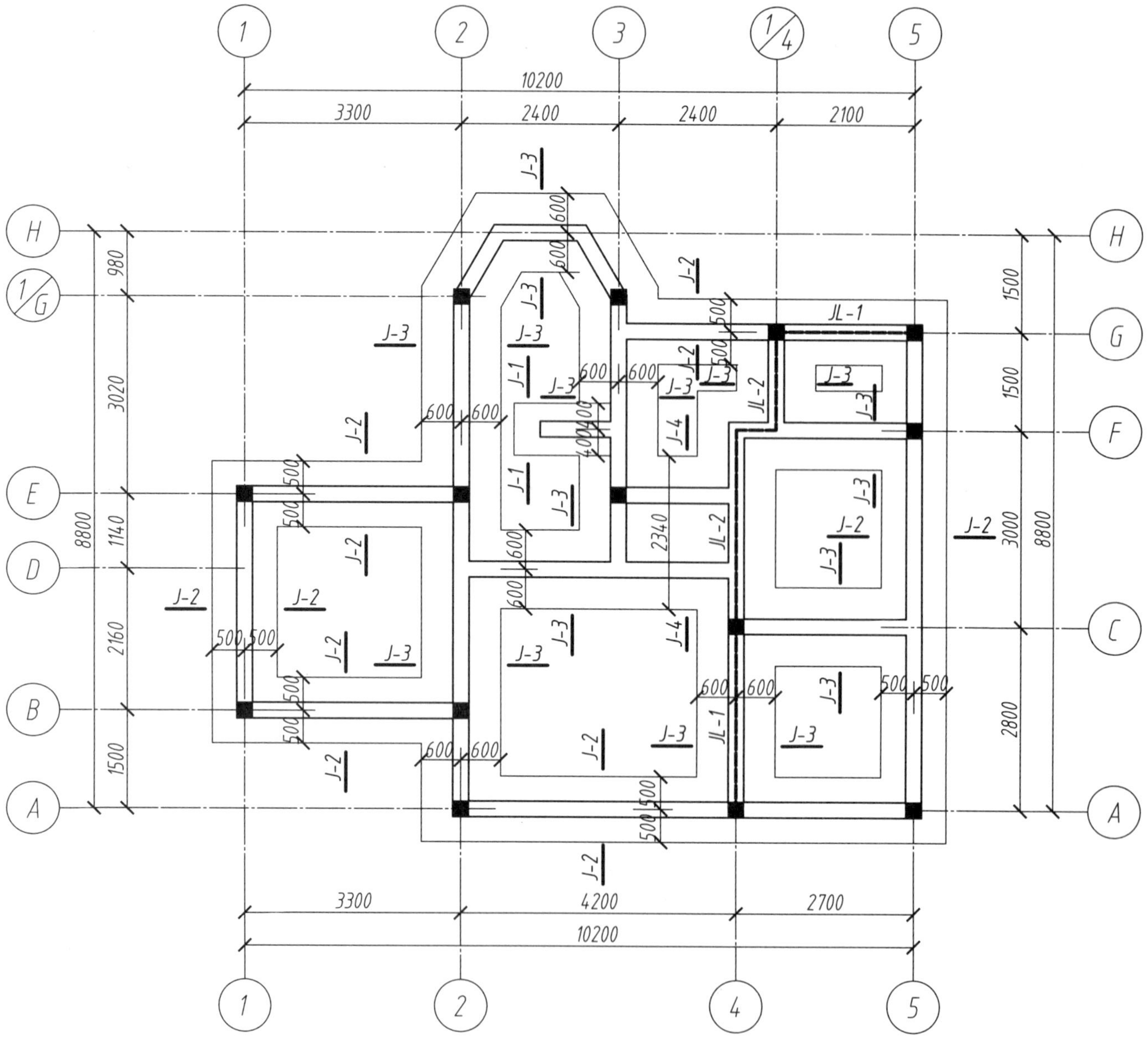

基础平面图 1:100

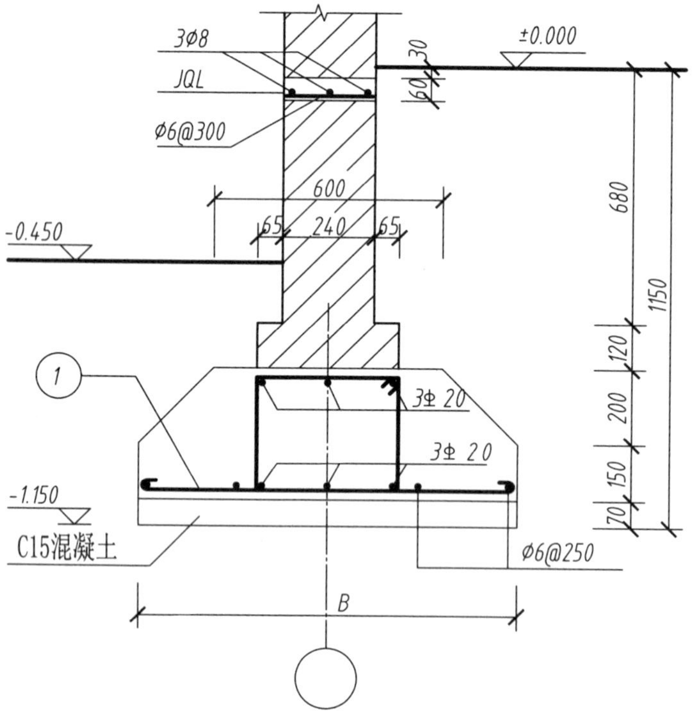

J、JL-1(JL-2)详图 1:20

基础	B	①
J-1	800	素混凝土
J-2	1000	Φ10@200
J-3	1200	Φ10@150
J-2	2340	Φ10@200

12-4 在A3图纸上，绘制楼层结构平面图（1∶50）以及QL、YGL的配筋图（1∶10）。

说明：除楼梯间及图中已布置的 B-1、YTB、YPB现浇板另见详图外，其余楼面都按图中所 划范围,在教材所套用的通用图集《预应力多孔板》沪G303,板宽代号4、5、6 的预应力多孔板中选用，试设计适当数量的多孔板铺设在楼面上，并要求铺设的平均板缝不应大于20 mm。

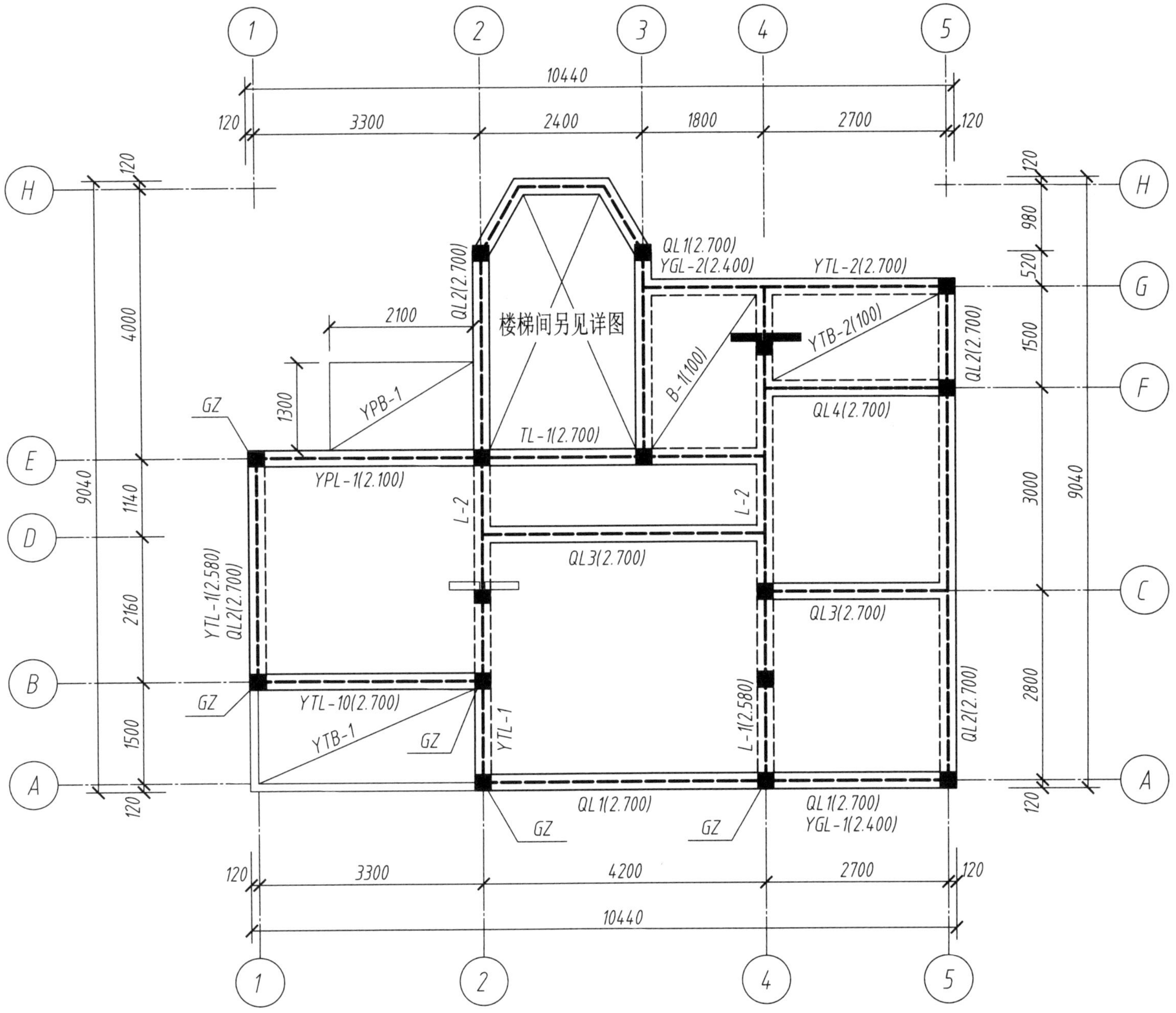

二层结构平面图 1:50

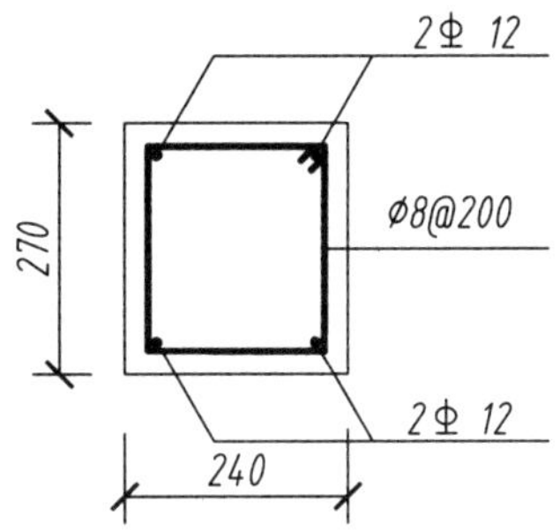

QL 1:10

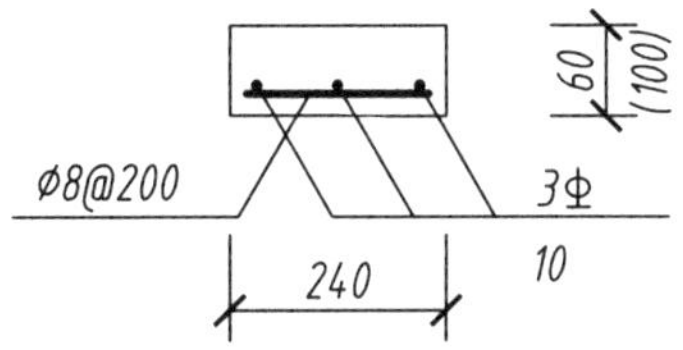

YGL-1 L=900
YGL-2 L=1200 1:10

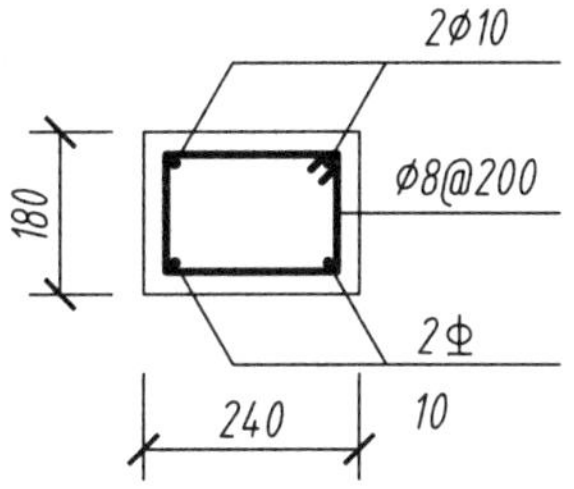

YGL-3 L=1500
YGL-4 L=2400 1:10

12-5 简述下图梁平法表示的KL内钢筋配置情况。画出梁的1-1、2-2、3-3断面图，并采用截面注写方式标注钢筋。

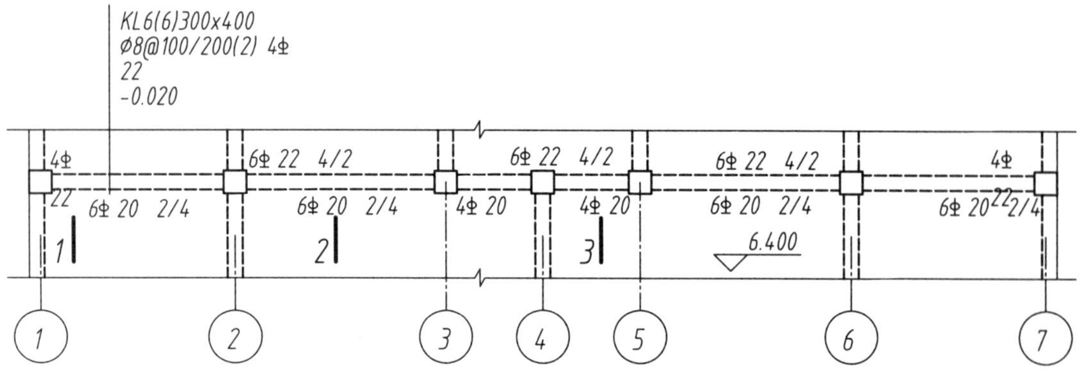

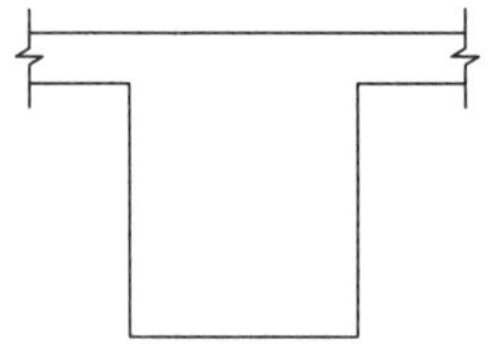

1-1

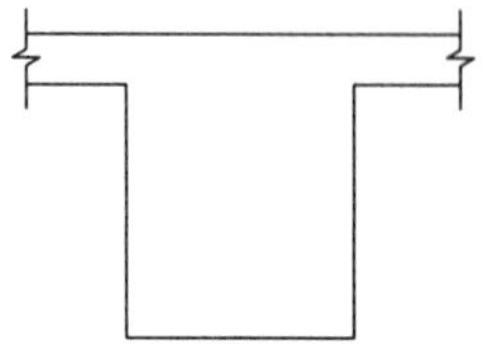

2-2

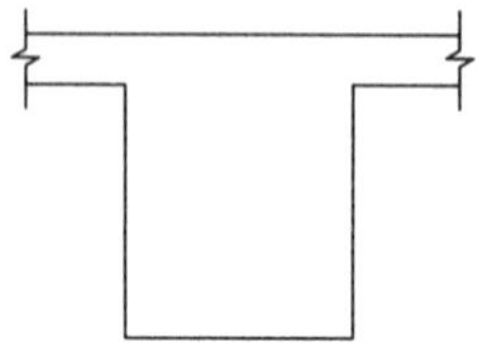

3-3

12-6 简述柱平法表示的KZ内钢筋配置情况。

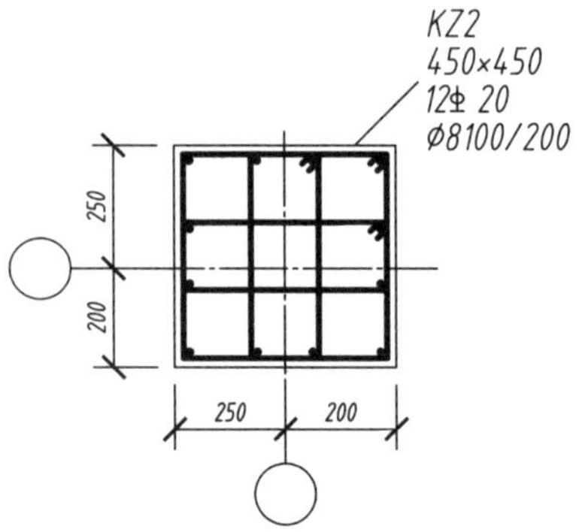

12-7 简述下图板平法表示的LB1内钢筋配置情况。

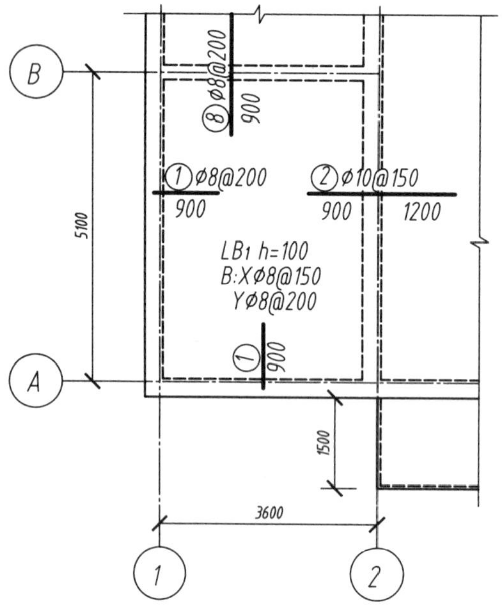

13-1 依据四层住宅某单元厨卫给水排水平面图、系统图（P63—P64），在A3幅面的图纸上，用1：100的比例抄绘厨卫给水排水平面图、J-3给水系统图、W-4排水系统图，并补画W-3排水系统图。

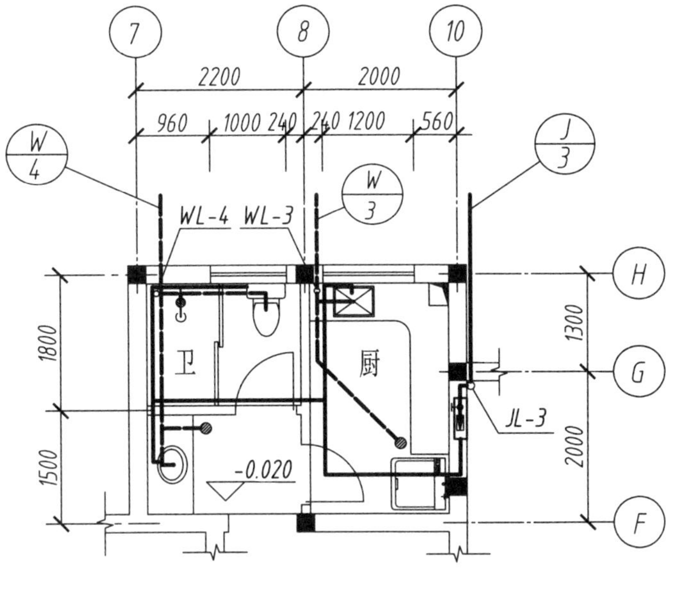

首层厨卫平面图 1:00

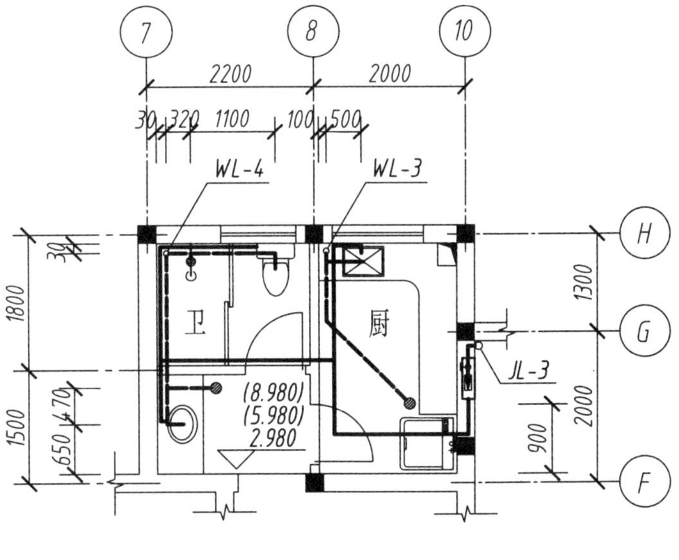

二至四层厨卫平面图 1:00

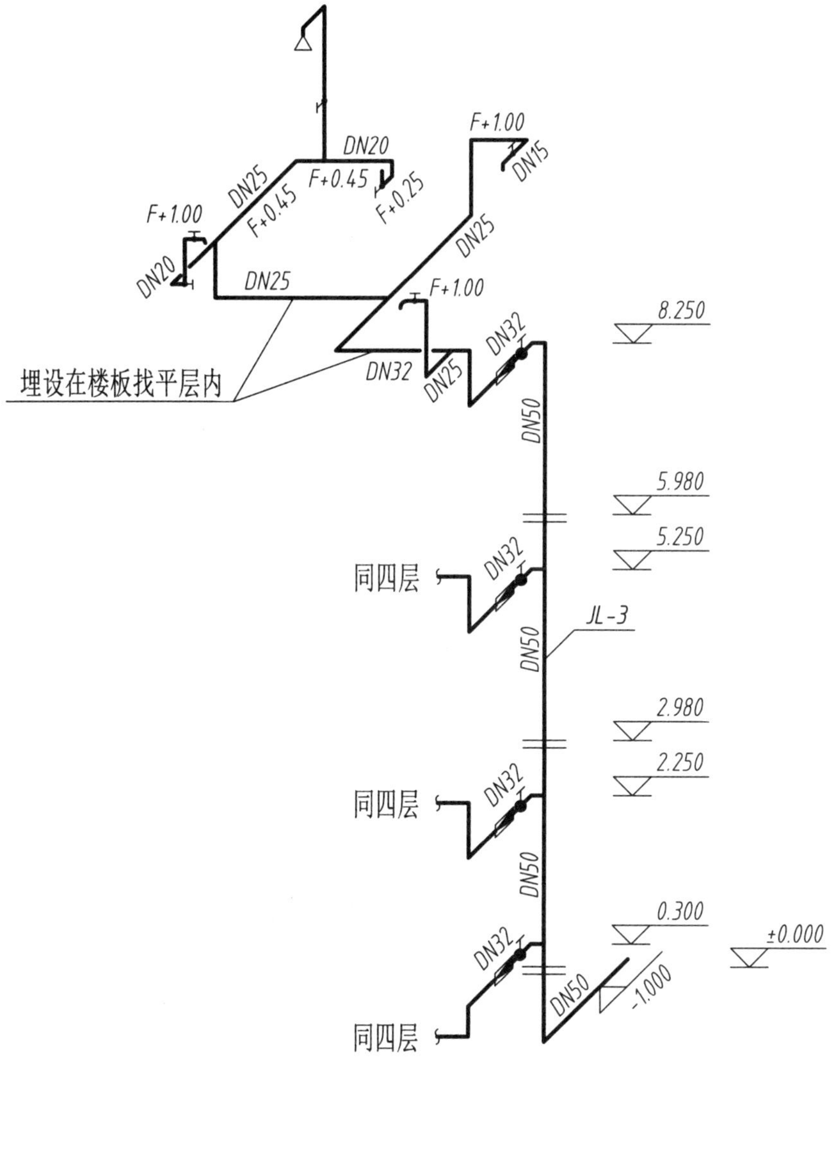

J-3 1:100

13-1（续）住宅某单元厨卫W-4系统图。

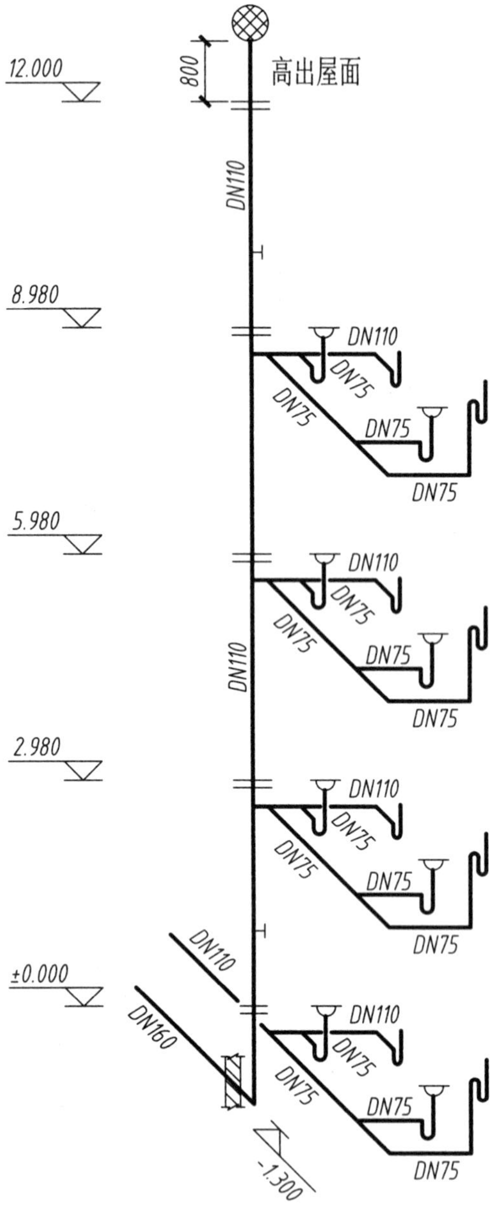

W-4 1:100

W-3 1:100

13-2 依据底层、顶层采暖平面图和下面有关数据说明（P65—P66），在A2图纸上，用1：100的比例抄绘底层采暖平面图，并绘制采暖系统图。

说明：采暖建筑为两层，层高3.6 m。供热入口由北侧采暖地沟引入，采用上行下回单管顺流式系统（见4号立管系统图）。供热干管进入地沟后，在④轴线附近沿墙通达顶层，供热干管在顶层分为东、西两支路，并设阀门调节水力平衡，在顶层两路横支管的末端均安装有集气罐。采暖立管采用单管系统，与散热器顺流连接，最后通过地沟中的回水干管在南面外门处汇集，由一总回水干管（DN50）接至供热入口处。

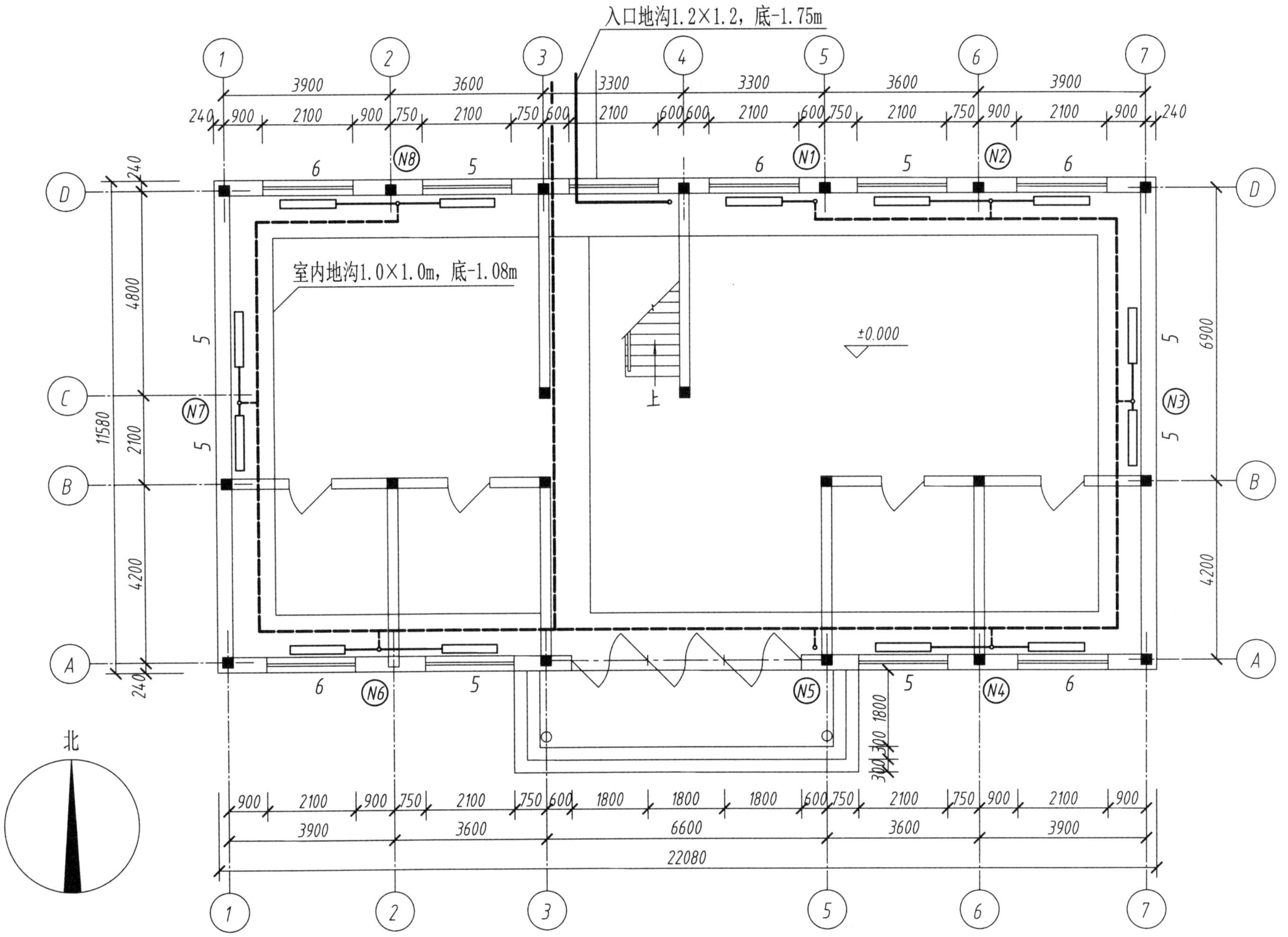

底层采暖平面图 1:100

13-2 （续）顶层采暖平面图和4号供暖立管系统图。

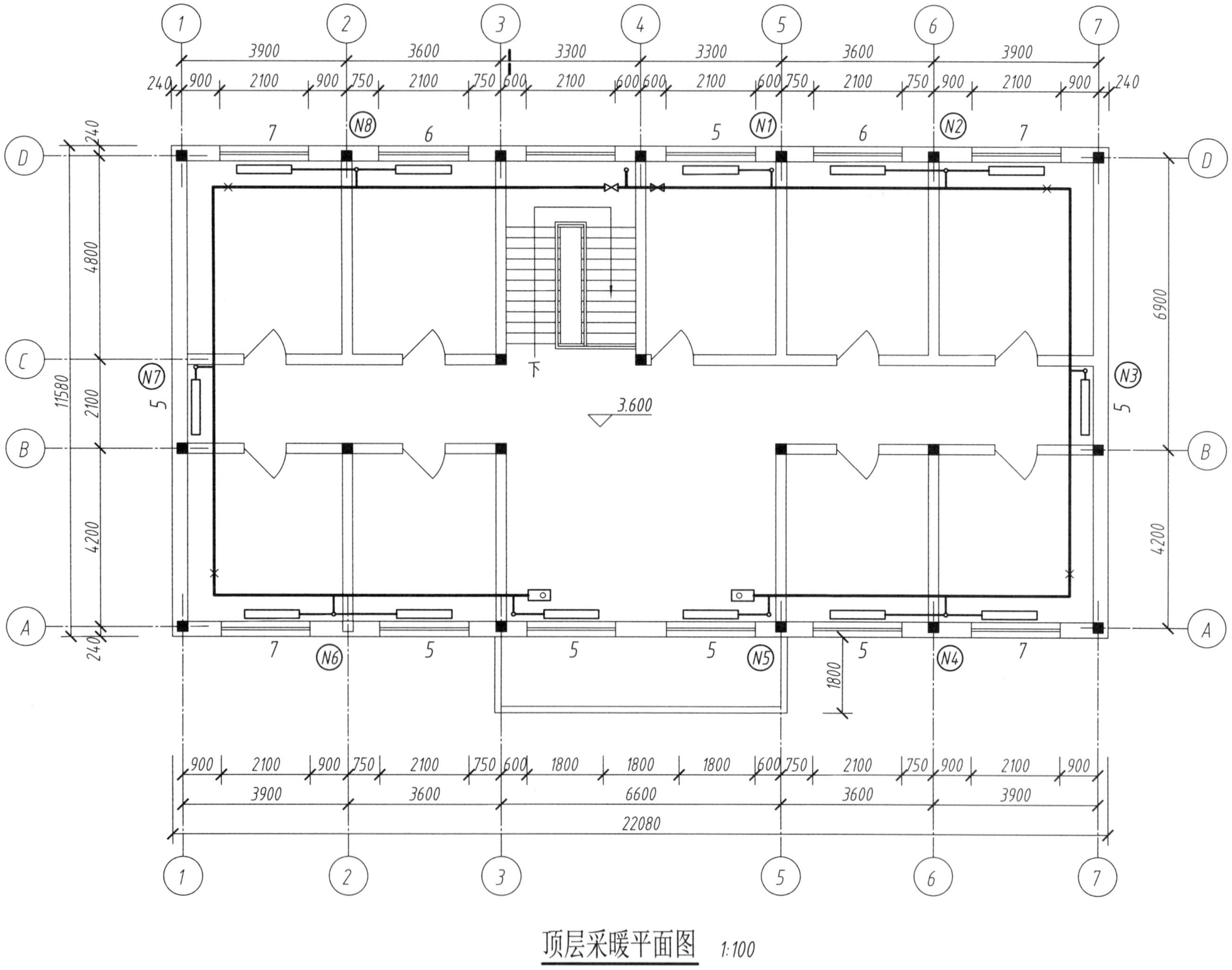

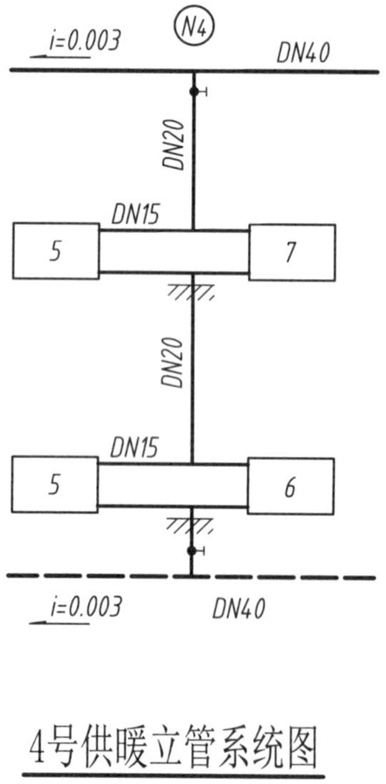

14-1 用A3图纸绘制墩帽详图。

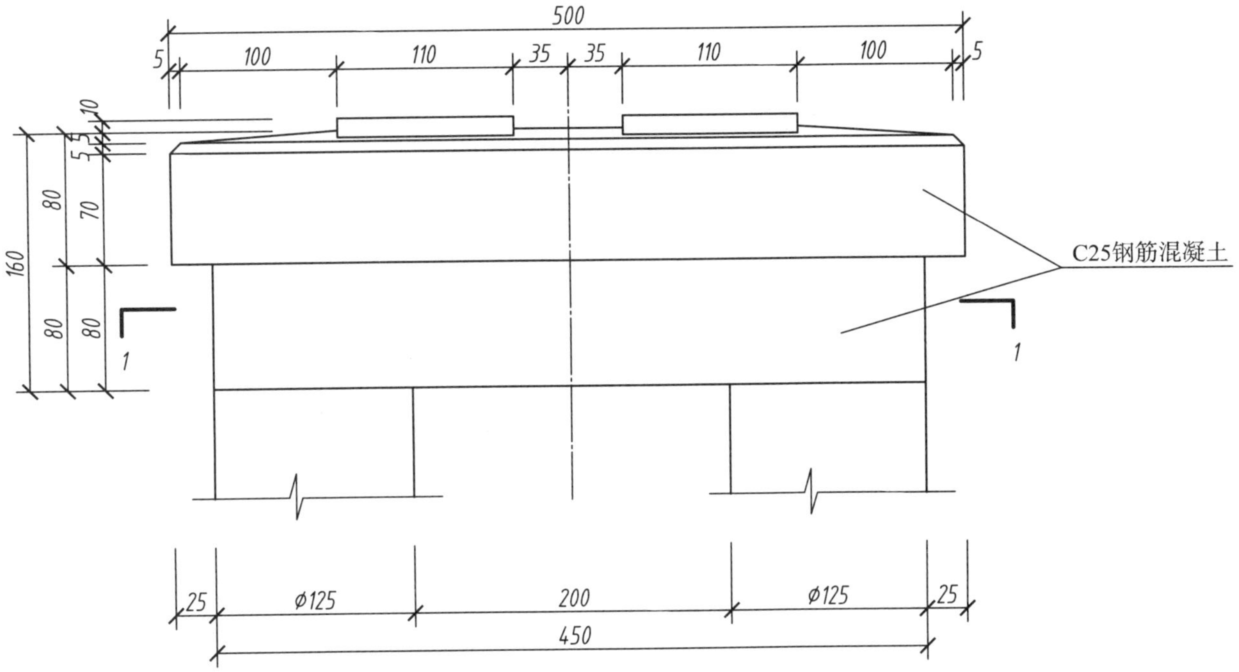

正面

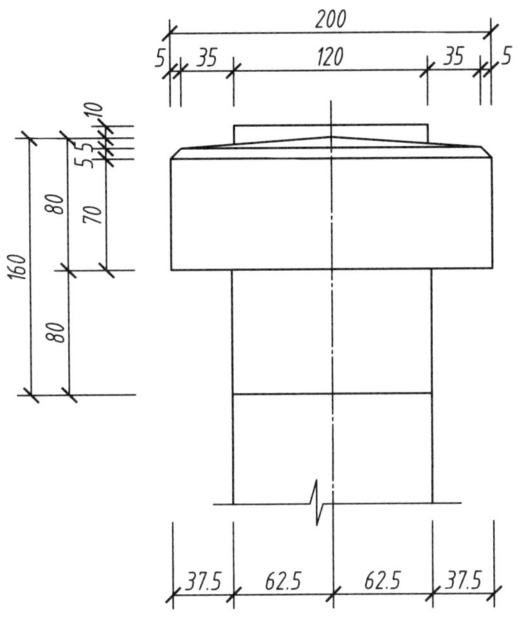

侧面

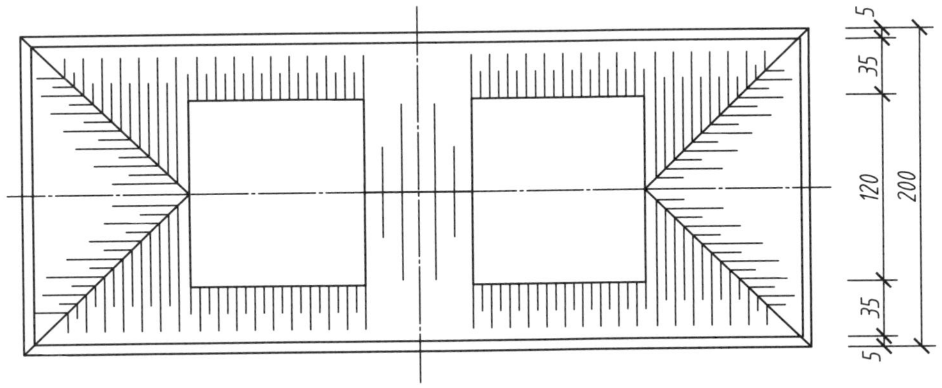

平面

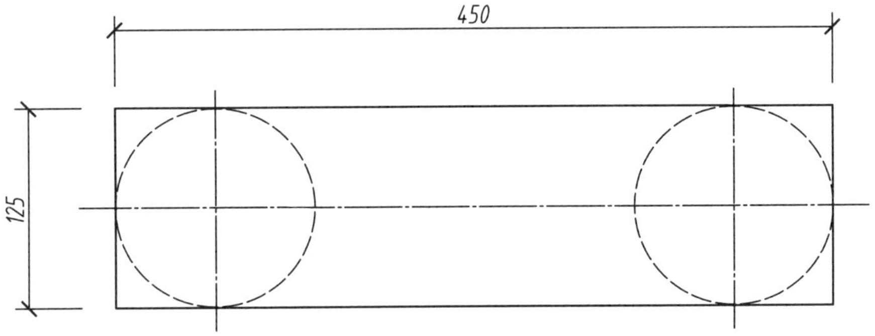

1-1

说明：1. 本图尺寸以cm计。
2. 钢筋布置另见详图。

14-2 在A3幅面图纸上，选用适当比例用仪器绘制桥台图。

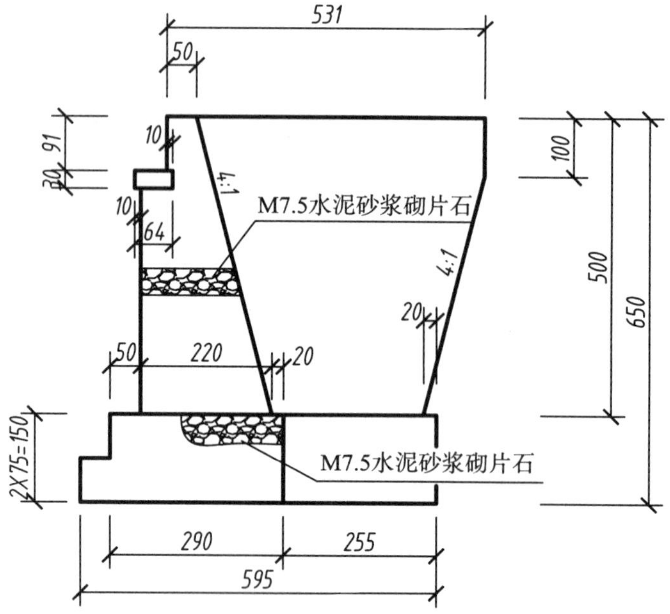

纵剖面图

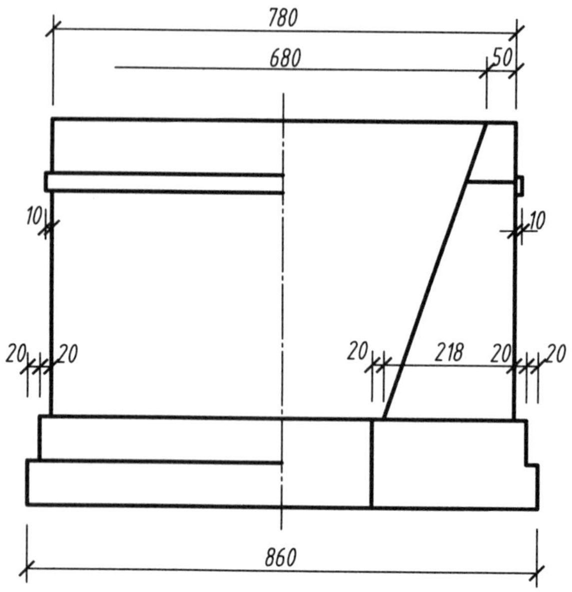

台前　　台后

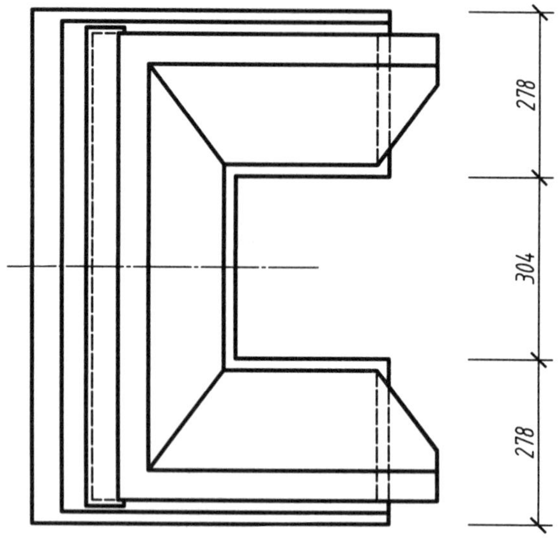

平面图

说明：本图尺寸以cm计。

14-3 在A3幅面图纸上，选用适当比例用仪器绘制T形梁的结构图，并填写钢筋明细表。

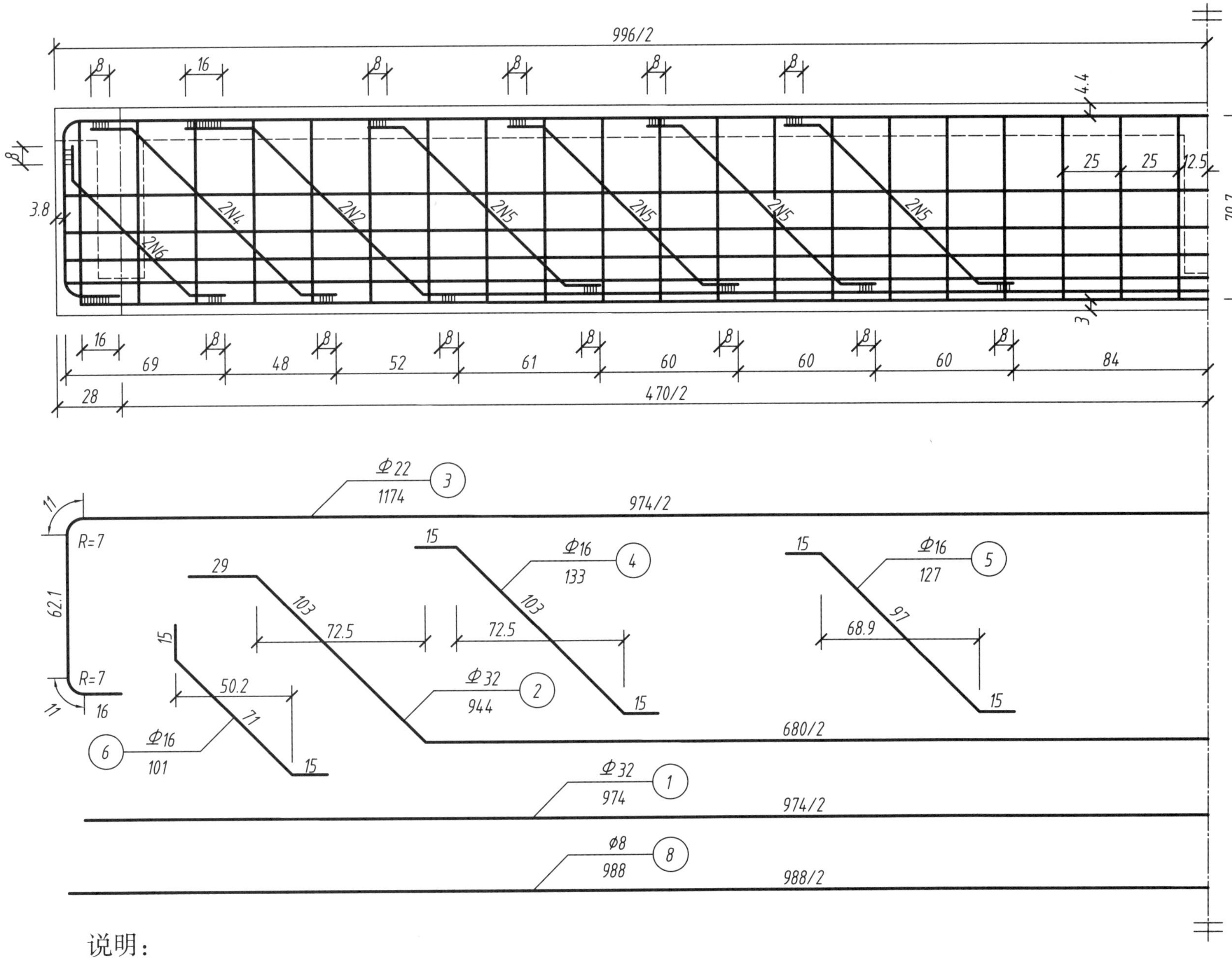

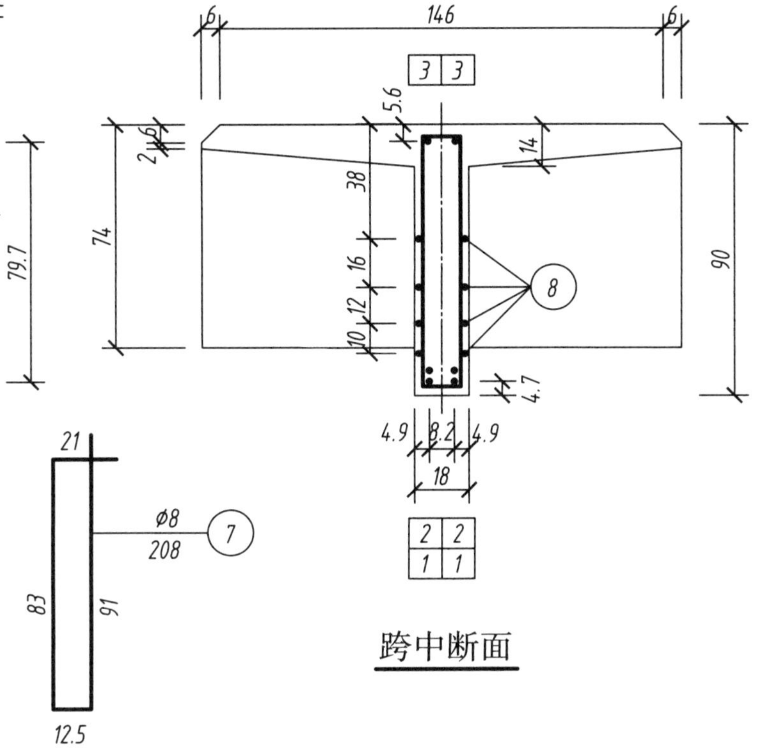

跨中断面

说明：

1. 装配式钢筋混凝土T形梁，跨径为10 m。
2. 本图尺寸除钢筋直径以毫米(mm)为单位，其余尺寸均以厘米(cm)为单位。
3. 本图钢筋焊缝均为手工双面焊，一片主梁的焊缝（δ=4 mm），总长度为13.4 m。
4. 一片平面骨架的质量为0.18 t。

一片主梁钢筋明细表

编号	钢筋等级	直径(mm)	单根长度(cm)	数量(根)	共计长度(m)
1					
2					
3					
4					
5					
6					
7					
8					

14-4 在A3幅面图纸上，选用适当比例绘制下列涵洞图。

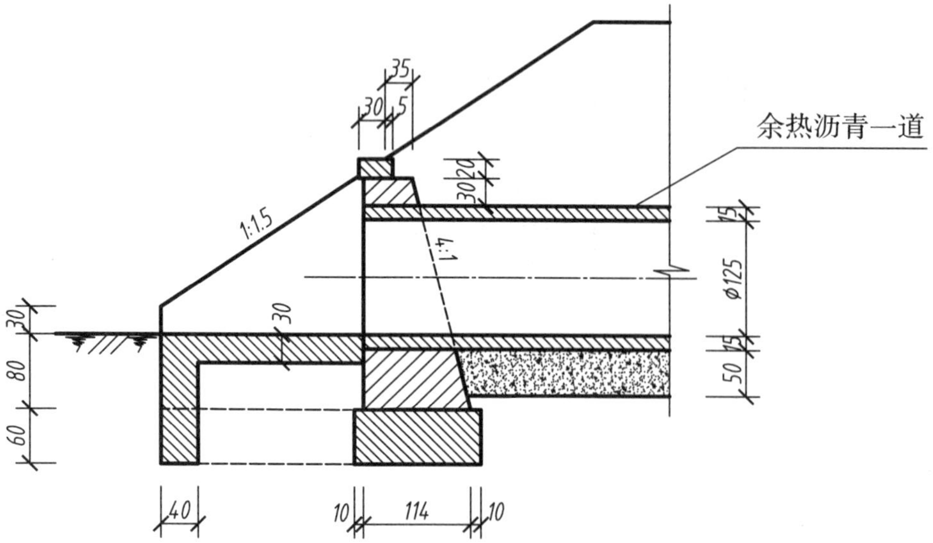

纵剖面

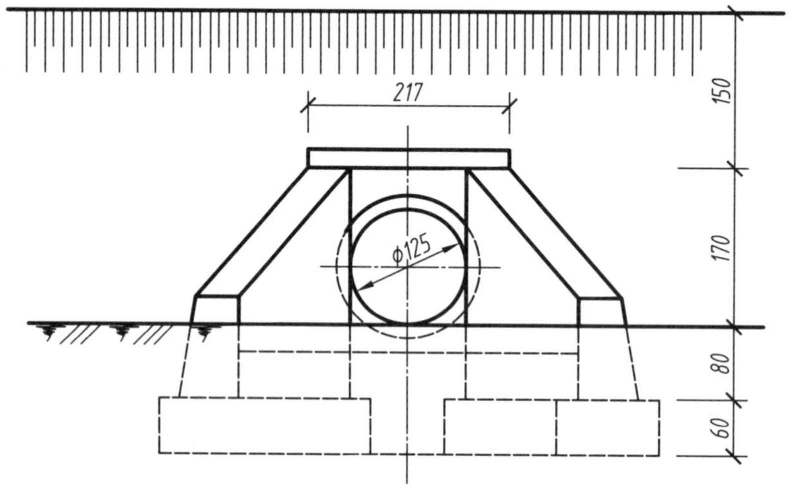

侧面

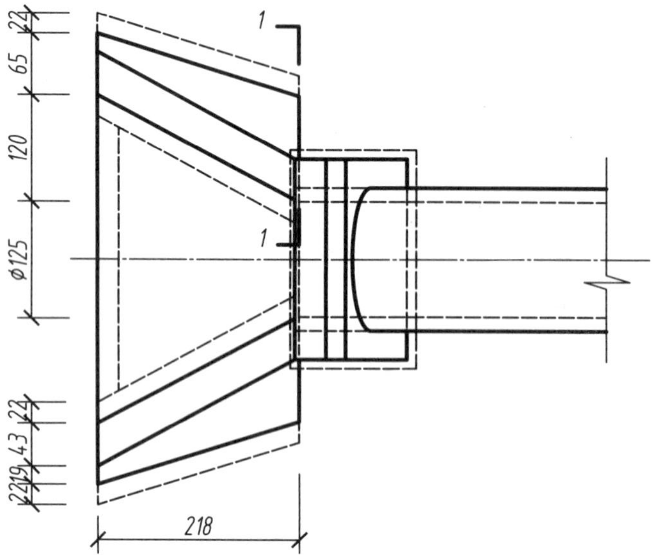

平面

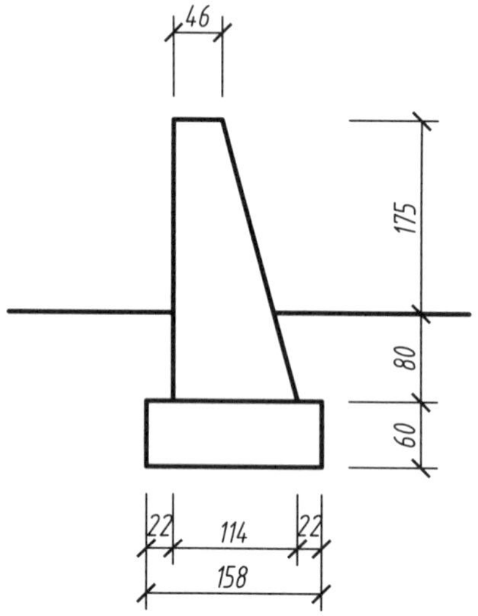

1-1

说明：本图尺寸以cm计。